2021烟台市市级文化产业发展项目

刘雪峰　温宝莉 ⊙ 主编

烟台城市味道

YANTAI
CHENGSHI
WEIDAO

中国轻工业出版社

图书在版编目（CIP）数据

烟台城市味道 / 刘雪峰，温宝莉主编. —北京：中国轻工业出版社，2023.4

ISBN 978-7-5184-4215-7

Ⅰ.①烟… Ⅱ.①刘…②温… Ⅲ.①鲁菜—烹饪—职业教育—教材 Ⅳ.① TS972.117

中国版本图书馆 CIP 数据核字（2022）第 243265 号

责任编辑：贺晓琴　　　　责任终审：劳国强　整体设计：锋尚设计
策划编辑：史祖福　贺晓琴　责任校对：晋　洁　责任监印：张　可

出版发行：中国轻工业出版社（北京东长安街6号，邮编：100740）
印　　刷：鸿博昊天科技有限公司
经　　销：各地新华书店
版　　次：2023年4月第1版第1次印刷
开　　本：787×1092　1/16　印张：13
字　　数：292 千字
书　　号：ISBN 978-7-5184-4215-7　定价：68.00元
邮购电话：010-65241695
发行电话：010-85119835　传真：85113293
网　　址：http://www.chlip.com.cn
Email：club@chlip.com.cn
如发现图书残缺请与我社邮购联系调换
220695K9X101ZBW

本书编写委员会

主　任：李成才　仲海
副主任：高　峰　李晓明　于志飞　隋　媛
委　员：徐再兴　冯勇　吴国明　车隆飞

本书编写人员

主　编：刘雪峰　温宝莉
副主编：刘雪　宋旭　耿宝银　牟小杰　吕颜峰
参　编：米国红　高均江　史春莲　孙菁一　徐立文
　　　　辛丽莉　蔺圣翠　李艳丽　唐琳　赵齐元
　　　　林国明　李忠浩　吕泽辉　邹雪洁　高钧妍
　　　　黄慧梅　吴依霖　吴培培
摄　影：苗永

序

烟台地处山东半岛东部，是山东新旧动能转换的三个核心区之一，是胶东半岛历史文化名城，濒临碧波万顷的渤海、黄海，背负奇峰迭起的"胶东屋脊"——"登高则有开阔之感，观海而生联想之情"。境内山清水秀，气候宜人，交通便利，物产丰富，经济富庶，民风淳朴，素有"黄海明珠"之美誉。

"仙境海岸，鲜美烟台"是烟台城市形象品牌，高度浓缩了烟台独有的区位条件、产业优势、历史文化、人文风情、生态环境等城市特征。烟台一年四季都有挑动味蕾的"舌尖诱惑"，从不重样的特色水果到丰富的海鲜，打造了驰名中外的"中国鲁菜之都"。

作为鲁菜发祥地，"中国鲁菜之都"是烟台的一张亮丽名片。以海鲜为主要食材的鲁菜是中国四大菜系之一，不仅道出了鲁菜的精髓，也道出了"仙境烟台"的鲜美生活。

以"中国鲁菜之都"品牌建设为契机，烟台坚持以传承弘扬和创新转型为动力,着力弘扬鲁菜文化,使"中国鲁菜之都"的知名度和美誉度明显提升,全市餐饮业持续健康发展,成为发展最快的行业之一。

千百年来,烟台烹饪经历了探索形成、完善提高、成熟发展、鼎盛辉煌几个历史时期。烟台菜作为鲁菜的重要支柱,为鲁菜成为中国四大菜系撑起了半壁江山。

为进一步弘扬鲁菜文化,让鲁菜走向全国、走向世界,让世人更多地了解烟台美食,进而了解烟台的美食文化,我们策划实施胶东美食文化展览推介暨《烟台城市味道》融媒出版项目。

该项目旨在通过"展会+旅游+互联网+出版"相结合的立体化融媒传播方式,把"中国鲁菜之都"的良好城市形象推上一个新的高度,使美食文化成为烟台市一张新的城市名片,同时推动烟台餐饮旅游业高速发展,提升"仙境海岸 鲜美烟台"的城市品牌形象。《烟台城市味道》的出版发行有助于人们更好地了解和传播烟台的美食文化,进而感受烟台这座充满魅力的城市。

目录

第一章　烟台名产览胜

一、张裕葡萄酒 …………… 002

二、龙口粉丝 ……………… 003

三、鲁花花生油 …………… 004

四、烟台苹果 ……………… 005

五、莱阳茌梨 ……………… 006

六、烟台大樱桃 …………… 007

七、海参 …………………… 008

八、鲍鱼 …………………… 010

九、对虾 …………………… 011

十、莱州梭子蟹 …………… 012

十一、海肠 ………………… 013

十二、海带 ………………… 014

第二章　烟台传统宴席

一、传统宴席种类 ………… 018

二、餐桌摆设 ……………… 019

三、宴席上菜 ……………… 019

四、吃菜 …………………… 021

五、喝酒 …………………… 023

六、座位 …………………… 025

七、陪客 …………………… 026

八、客人 …………………… 027

九、请客 …………………… 029

十、宴席时间 ……………… 030

十一、宴席菜点 …………… 031

第三章　烟台名菜

扒鱼脯 ……………………… 034

扒原壳鲍鱼 ………………… 036

拔丝苹果 …………………… 038

葱烧海参 …………………… 040

氽鱼丸 ……………………… 042

脆炸虾仁 …………………… 044

福山烧鸡 …………………… 046

干烧加吉鱼 ………………… 048

干炸丸子 …………………… 050

锅煸鱼盒 …………………… 052

滑熘肉片 …………………… 054

黄焖鸡块 …………………… 056

烩烂蒜肚丝 ………………… 058

烩乌鱼蛋 …………………… 060

鸡蓉蹄筋 …………………… 062

韭菜炒海肠 …… 064	爆金银鱼丁 …… 110
燎大虾 …… 066	绣球干贝 …… 112
辣子鸡 …… 068	菠菜拌蛤肉 …… 114
爆炒腰花 …… 070	山东海参 …… 116
清蒸加吉鱼 …… 072	油爆双花 …… 118
全家福 …… 074	醋焖针良鱼 …… 120
肉丝蜇皮 …… 076	捶烩鱼丝 …… 122
烧蛎黄 …… 078	醋椒黑鱼 …… 124
烧熘鱼条 …… 080	菊花鲍鱼 …… 126
酥白肉 …… 082	蒲酥全鱼 …… 128
糖醋黄花鱼 …… 084	捶烩凤尾虾 …… 130
樱桃肉 …… 086	鸡里蹦 …… 132
油爆海螺 …… 088	山东酥肉 …… 134
油爆乌鱼花 …… 090	
糟熘鱼片 …… 092	**第四章 烟台名点**
炸烹虾段 …… 094	
招远丸子 …… 096	叉子火食 …… 138
葱烧蹄筋 …… 098	盘丝饼 …… 140
雪花海胆羹 …… 100	家常饼 …… 142
炒浮油鸡片 …… 102	八带蛸包子 …… 144
酱爆鸡丁 …… 104	开花片片 …… 146
鸡里爆 …… 106	福山拉面 …… 148
芫爆蛏子 …… 108	三鲜馄饨 …… 151

鲅鱼水饺 154
三鲜疙瘩汤 156
海菜包子 158
地瓜面面条 160
黄县肉盒 162
地瓜面鱼子包 164
面鱼 166
喜饼 168
黄埠寨饼子 170
银丝卷 172
蜜三刀 174
花饽饽 176
杠子头火食 179

第五章　烟台名小吃

蓬莱小面 184
三不沾 186
莱州羊汤 188
绿豆粉浆 190
宁海脑饭 192
烟台焖子 194
鱼锅片片 196
咸鱼烀饼子 198

参考文献

第一章 烟台名胜览胜

一、张裕葡萄酒

张裕公司是由著名爱国华侨张弼士于1892年投资创办的，是中国第一个工业化生产葡萄酒的厂家，也是中国乃至亚洲最大的葡萄酒生产经营企业。"张裕"商标是同行业中唯一的全国驰名商标。

1892年张弼士应清廷东海关监督盛宣怀之邀到烟台考察，认为烟台气候、土壤条件得天独厚，适宜栽种酿酒的良种葡萄，遂投资300万元创办张裕葡萄酿酒公司。他三聘西方酒师，从国外购进设备，又从国外引进上百个优良葡萄品种，建成两座面积近50公顷的葡萄园，并与中国的山葡萄嫁接，使之形成独特、优良的酿酒品种。经过近10年经营，张裕公司的葡萄酒风靡全国、远销海外。1912年8月，孙中山先生来烟台，参观了张裕葡萄酒公司，并亲笔题赠"品重醴泉"四字予以赞扬。1915年，"张裕"葡萄酒在巴拿马万国商品比赛会上荣获四枚金质奖章和最优等奖状。

20世纪50年代，张裕曾先后投资75万元用于扩大生产，1956年公司得到国家资助，用于葡萄酒的工艺研究上，并制定了国内第一部葡萄酒工艺规程，完成了从经验酿酒到理论规范酿酒的飞跃。

1979—1983年，"张裕"金奖白兰地、红葡萄酒、味美思蝉联国家优质产品金奖。1987—1989年，在比利时、希腊、英国举行的世界优质产品评选会和世界葡萄酒、烈性酒竞选会上，"张裕"解百纳干红葡萄酒，XO级白兰地，李将军白葡萄酒，红、白味美思，干红葡萄酒分别荣获世界级金、银奖。1992年，"张裕"金奖白兰地商标获国家工商行政管理总局全标贴注册。1993年，"张裕"商标被国家工商行政管理总局认定为全国驰名商标。1994年，在国家内贸部举办的名优商品评比以及由中国商品评价中心举办的中国最佳品牌评选中，"张裕"葡萄酒均榜上有名。2001年，"张裕"牌葡萄酒、白兰地通过国家质检总局原产地标记注册认证，成为山东省首批获得原产地标记注册产品。2002年，"张裕"干红、干白葡萄酒被国家质检总局批准为国家免检产品。

1987年，国际葡萄·葡萄酒局命名烟台市为亚洲唯一的"国际葡萄·葡萄酒城"。近几年，在由国家有关部门组织的"巴黎·中国文化周""世界经济500强财富论坛"等重要活动中，"张裕"解百纳干红葡萄酒均被选定为会议专用酒。2001年，张裕集团与法国最大的葡萄酒企业卡斯特公司合作，增加了名酒品种，加快了张裕国际化的步伐。

二、龙口粉丝

"龙口粉丝"为烟台特产，以其丝条细匀、光洁透明、质地柔韧等特点驰名中外。粉丝在水中浸泡48小时不变色、不发涨，食用爽口，味道纯正，且含有高蛋白和多种维生素等营养成分，具有清热、解毒、防暑等功效，赢得了"玻璃面条""龙须""佐餐佳品"等美誉。

"龙口粉丝"的主产地是招远、龙口、莱州、蓬莱、莱阳等地。19世纪60年代龙口开埠后，上述产地生产的粉丝从龙口港外运出口，"龙口粉丝"由此得名，产品远销世界各地、享誉海内外。"龙口粉丝"用绿豆做原料，传统制作工艺经过烫豆、磨豆、制团、打糊、漏粉、洗粉、晒粉等12道工序，均为手工操作。"龙口粉丝"的生产时间分春秋两季，春季从清明到夏至三个月，秋季从白露到小雪两个半月。天气过冷、过热时均不宜制作。

由于"龙口粉丝"久负盛名，20世纪50年代以后山东外贸部门一直沿用此品名出口，使"龙口粉丝"成为山东省粉丝出口共有的品名，先后获省优、部优、国优和国家质量金奖、中国农业博览会金奖、中国食品博览会金奖、国优产品复核金奖、国际美食及旅游协会授予的"金桂叶"奖等荣誉称号。

2002年，"龙口粉丝"被国家质检总局批准列为"原产地保护产品"。

三、鲁花花生油

鲁花压榨一级花生油精选山东优质大花生，独创5S纯物理压榨工艺，靠物理压力将油脂直接从原料中分离出来，全过程无任何化学添加剂，保证产品安全、卫生、无污染，天然营养不受破坏，被誉为"中国花生油压榨专家"。鲁花压榨一级花生油，只榨取第一道花生原汁，纯天然营养，富含油酸、亚油酸、维生素E、锌、钙等多种人体需要的营养素，不含胆固醇，不含黄曲霉毒素，色泽呈淡黄红色，香味浓郁，口感纯正。在12℃以下会出现凝固或半凝固现象，这是纯正花生油的特性。鲁花5S压榨一级花生油的5好包括：好原料，甄选优质大花生；好工艺，全程无添加化学溶剂；好香味，香味浓郁，口感纯正；好营养，富含油酸、亚油酸等多种人体所需营养素；好省油，纯度高，附着力强，炒菜只需习惯用量的1/2。

另外，鲁花集团实行"双源头控制"，一方面是收购花生要经过层层关口，而且还要对花生种植地进行考察，常年跟踪花生的生长环境，确保优质原料进厂。另一方面，对包装原料源头也严格控制，在行业内率先推行绿色包装。从源头上确保产品安全、营养、绿色、健康。

2022年鲁花花生油成功获得纯正花生油食品真实品质认证。鲁花"5S压榨一级花生油"和"高油酸花生油"作为国内首批食品真实品质认证（FA认证）纯正花生油产品，用关键技术推动食用油品质升级，产品通过了专家严格的工厂审查、生产过程抽样及终端市场产品真实性特征核验，引领中国食用油走向品质与香味并存的发展道路。

鲁花的成功取决于独具的"四大优势"——品牌优势、人才团队优势、绩效分配制度优势、企业传统文化优势。这"四大优势"有效保障了鲁花的快速发展。它作为民族品牌的代表和中国高端食用油的引领者，近年来不断深化以健康、高品质用油为核心的供给侧改革，积极引领消费者认识高油酸的营养与健康，用科技创新传承和守护了中国人追求色、香、味的饮食文化，让消费者尝到浓香中国味。

四、烟台苹果

烟台属暖温带季风性大陆气候，最适宜苹果栽培，自明代起就开始种植。烟台苹果品质优良，以个大、香、甜、脆而享誉国内外。19世纪中期，由外国传教士从美国、欧洲引入优良苹果品种。历经长期的品种改良、经营管理和栽培制度的变革，造就了成千上万的果树科技人才，总结出一整套行之有效的土肥水管理、整形修剪、病虫害防治等管理经验，为烟台果业生产的发展打下了坚实的基础。20世纪80年代，随着以红富士等新品种为主的更新换代，烟台苹果生产又上了一个新台阶，栽培面积和产量达到历史最高水平，成为全国最大的红富士苹果生产基地。全市苹果栽种面积达8.7万公顷，年产量205万吨。

烟台红富士苹果的特点是：丰产质优、果个大、果形端正、着色早、满红，着色指数高达95%以上，全红果比例在70%以上，色泽浓红艳丽，风味佳，综合性状属国内领先水平。1998年经山东省农作物品种审定委员会审定并公布的"烟富一号"和"烟富三号"新品种已在烟台乃至全国各地推广。近年来烟台苹果涌现出许多名优品牌，如海阳王家山后村的"皇家红富士"、招远的"鲁冠苹果"、栖霞的"天誉苹果"等。在历次全国和全省果品参评会上，烟台苹果均居金牌榜首，每年除大量销往全国各地外，还外销东南亚诸国。

五、莱阳茌梨

莱阳茌梨通称莱阳梨，为山东梨类传统名贵品种，驰名中外，为烟台市莱阳特产。经考证，莱阳茌梨系莱阳农民经多年栽培、选育、掐花而成的一种地方独特品种，已有400余年的栽培历史。莱阳境内尚存300余年树龄的老茌梨树，现仍根深叶茂，硕果累累，株产达500千克左右。

莱阳茌梨为梨中上品，果形大，皮层薄，香味浓，肉质细嫩，清脆渣少，含糖量8.5%左右，含酸量仅为0.113%。莱阳茌梨不仅鲜美可口，还有开胃、消食、化痰、清肺、止咳的功效。用莱阳茌梨加工制成的梨膏、梨干、梨脯、罐头等，深受消费者喜爱。

莱阳茌梨集中种植在莱阳市五龙河及其支流两岸，这里为砂质土壤，土层厚，养分丰富，通透性好，对光的反射性较强，能使树叶进行充分的光合作用，很适宜茌梨树的栽培。莱阳茌梨栽培历史虽然很长，但发展缓慢，1949年，栽培面积为300余公顷，产量80万千克。20世纪50年代以后，政府部门很重视莱阳茌梨的发展，当地群众加强了梨树的栽培和管理，梨园面积迅速扩大，产量不断提高。茌梨除在国内销售外，还远销日本、新加坡、加拿大等国。

六、烟台大樱桃

素以"北方春果第一枝"闻名遐迩的烟台大樱桃，以其娇艳欲滴、晶莹剔透、香甜可口、营养丰富被誉为"果中珍品""水果之冠"，具有极高的营养价值和商品价值。

据测定，每100克大樱桃鲜果中含糖17.1克，蛋白质1.6克，脂肪0.3克，钙、磷各25毫克，以及多种维生素。大樱桃果实性味甘温，有调中益脾之功，对调气活血、平肝去热有较好疗效，并有促进血红蛋白的再生作用，对贫血患者、老年人骨质疏松、儿童缺钙、缺铁等均有一定的辅助疗效。

大樱桃原产亚洲西部和欧洲东南部，19世纪烟台开埠后从国外引进。最早在芝罘区一带种植，20世纪30年代栽培范围扩大到龙口、威海、青岛等地。20世纪50年代以后，北京、天津、四川、河南、江苏、陕西、贵州等省市都引进了烟台大樱桃。近几年，随着农村产业结构的调整，大樱桃的栽培范围几乎遍布烟台全市，大樱桃生产已成为烟台市农村经济收入的重要组成部分。

烟台大樱桃品种多属甜樱桃种系，按色泽分紫、红、黄三类；按成熟期先后可分为早、中、晚三期。烟台大樱桃品种有70余种，产品畅销全国十几个大中城市，在历届中国国际农业博览会上备受关注，其中先锋、萨米脱、拉宾斯、芝罘红、斯巴克、红丰等品种均荣获国家级金、银、铜奖及名牌产品称号。烟台大樱桃成熟期早，一般在每年5月中下旬即采摘上市，这时正值春末夏初，害虫尚未开始活动，不需打药除虫，没有农药对果实造成的污染，是名副其实的绿色食品。

七、海参

海参俗称"刺参""沙口巽"，是海参纲、刺参科中的名贵棘皮动物（刺参、绿刺参、花刺参等）。海参主要分布在中国北方大连、山东等沿海一带，多栖息于海水中岩礁、乱石或泥沙底，伴有大型藻类丛生、大叶草繁茂且无淡水注入的静水水域。海参多制成干品，为名贵海珍品，现已开展人工养殖。

海参营养丰富，蛋白质含量高，不含胆固醇，是高级滋补品，为海珍品之冠。据分析，鲜海参化学成分为：蛋白质14%~21%、脂肪0.2%~0.3%、灰分0.3%~1.1%，热量94千卡。干海参化学成分为：100克含水分5克，蛋白质76.5克,脂肪1.1克,碳水化合物13.2克,灰分3.8克,钙357毫克,铁2.4毫克,维生素$B_1$0.01毫克,维生素$B_2$0.02毫克,烟酸0.1毫克。其蛋白质为水溶性,不需要盐、酸、碱及脂肪的帮助即可分解为极易被人体吸收的氨基酸。因此,适于手术后的病人及体弱者食之。在医学上,海参具有补肾壮阳、益气补阴、通肠润燥之功能;海参内脏有镇惊、生肌、止咳、平喘的功效,因而是深受欢迎的海珍品。

海参生活在沿岸浅水区,一般轻潜即可捕获。20世纪60年代后期,由于自然资源日趋衰退,开始了人工育苗实验和放流增殖,至20世纪80年代已形成规模生产,目前烟台海参养殖产量达到300余吨。

海参距今有六亿年的生存历史,是现存最早的生物物种,有海洋活化石之称。传说早在两千多年前,秦始皇听说东海有一种长生不老药,于是不惜重金派大批人马去东海寻药,最终找到的不老药就是海参。随后秦朝官兵还在烟台修建皇家养马场,供秦始皇东巡时吃海参。海参也从此作为贡品进入皇宫。

海参既是宴席上的佳肴,又是滋补人体的珍品,被称为"八珍之首",有人称之为"海人参",因补益作用类似人参而得名,海参含胆固醇极低,为一种典型的高蛋白、低脂肪、低胆固醇食物。加上其肉质细嫩,易于消化,所以,非常适合老年人、儿童以及体质虚弱的人食用。

八、鲍鱼

鲍鱼喜栖息于盐度高于30‰、透明度大、水深1~20米的潮下带海区，以足部吸附于水清、湍急、藻类丛生的岩礁海底。鲍鱼产区主要在烟台的长岛县。随着人工养殖技术的发展，长岛已成为中国鲍鱼养殖基地，一年四季出产。

鲍鱼是名贵的海珍品。肉细味鲜、营养丰富。据测定，每100克鲍鱼可食部分中含蛋白质19克，脂肪3.4克，碳水化合物1.5克，热量113千卡。鲍鱼壳是中国医药史上应用很早的中医药材，中医称为"石决明"，有明目、清热、平肝、潜阳、通麻的功效，主治肝阳上亢、头目眩晕、青盲内障、吐血、失眠等症，还能外治溃疡。鲍鱼肉性温、味咸，有滋补肝肾、镇静、化痰、调经、润燥、利肠的功效。从鲍肉和黏液中分离出三种不受蛋白酶分解的黏蛋白，具有抑制链球菌、葡萄球菌、疱疹病毒、脊髓灰质炎病毒和流感病毒等作用。鲍鱼壳的内面色泽光亮绚丽，具有珍珠的光泽，也是上好的贝壳材料。鲍鱼经爆、炒、烧后，香鲜细腻、肉嫩可口。将鲍鱼加工成各种罐头，更是别有风味，成为高级宴会上的美味佳肴。

九、对虾

渤海海域是对虾的主要产地,面积7.7万平方千米,由北面的辽东湾、西面的渤海湾和南面的莱州湾三大部分组成。其中,莱州湾是最大的对虾繁殖地。对虾以产于渤海者,品质最优。烟台对虾的虾苗选择严格按照对虾育苗操作规范培育出来的、不带病毒的健康虾苗。虾苗群体整齐,肌肉饱满透明,附肢中色素正常,胃肠充满食物,游水活泼,逆水性强,无外部寄生物及附着物。对虾肉质鲜嫩味美,营养丰富。每100克虾肉含蛋白质20.6克,高过河虾与一般的鱼贝类,也高过猪、牛、羊等畜肉,与鸡、鸭等禽肉相当,在氨基酸组成中,牛磺酸比例较高。脂肪与碳水化合物含量很低,分别是0.7克与0.2克。还含有一定量的矿物质钙、铁、锌、硒和维生素A等微量元素。对虾肉质松软、易消化,对身体虚弱以及病后需要调养的人是极好的食物;其中含有丰富的镁,对心脏活动具有重要的调节作用,能很好地保护心血管系统,它可以减少血液中胆固醇含量,防止动脉硬化,同时还能扩张冠状动脉,有利于预防高血压及心肌梗死;对虾的通乳作用较强,并且富含磷、钙,对小儿、孕妇尤有补益功效。科学家研究发现,虾体内的虾青素有助于消除因时差反应而产生的"时差症"。

对虾被广泛应用于各种菜肴的制作，鲜食可烹调红焖大虾、煎明虾、熘虾段、琵琶大虾、炒虾仁等。加工干制成虾干、虾米等为上乘的海味品。虾体背中央有一条青黑色的线，俗称虾线，为虾的肠子，不能食用，加工时应该去掉。要选择新鲜度高的虾，壳硬，虾体半透明，有弹性，背部呈青色。若虾身软，体色发红变暗，就可能发生变质。阳盛和阴虚有内热的人，症状有口干、唇燥、便秘、尿赤者，不宜吃虾。中医视虾为发物，部分人进食后出现瘙痒等过敏症状，这部分人和患有过敏性鼻炎、过敏性皮炎和哮喘的人，应慎吃或不吃虾。对虾属高嘌呤食物，痛风病人吃虾，摄入的嘌呤在代谢中导致尿酸水平升高，会诱发疼痛发作，故痛风患者应忌吃。

十、莱州梭子蟹

莱州梭子蟹产于山东省烟台市莱州市，体形肥满，附肢健壮，用手指压腹面有坚实感，头胸甲青绿色，表面光洁，白色斑点少，外形美观。莱州梭子蟹肌肉晶莹剔透、细嫩雪白，富有弹性，富含甘氨酸等鲜味物质，蒸熟食用，鲜香浓郁，味道纯正，尤其是雌蟹的卵块，雄蟹的脂膏，鲜美异常，故有"蟹后无美食"之说。莱州梭子蟹体肥肢壮，壳薄色正，肉色洁白，肉质细嫩，肥满度高，膏似凝脂，味道鲜美，营养丰富，为海蟹之上品，其口感明显优于其他产区，是广大渔民首选的捕捞、养殖品种。

莱州市具有雄厚的梭子蟹生产技术力量，建有"水产品质量检测中心"，对莱州梭子蟹的特定品质具有检测和监督能力。建立了国家级莱州梭子蟹原种场，实施对梭子蟹原种的保护及苗种繁殖。从2002年起，又将莱州梭子蟹列入资源修复计划，连续5年坚持放流增殖，累计放流蟹苗2000万只以上。全市还有"莱州市水产研究所"等5家民办科研机构，有力地推进了莱州梭子蟹生产发展。

2008年，在山东省渔业名牌和山东省十大渔业品牌评选中，莱州梭子蟹均榜上有名。同年6月，莱州梭子蟹参加了"保质量、保安全、助奥运"活动，通过奥运会这个历史机缘，莱州梭子蟹走出了山东，走向全国，走向世界。2009年，国家质检总局批准对"莱州梭子蟹"实施地理标志产品保护。

梭子蟹的营养价值很高，含有多种矿物质和维生素，还有一些蛋白质和碳水化合物，其中维生素D和矿物质钙的含量都比较高，人们食用以后能补益身体，促进身体代谢，对提高骨骼健康有很大的好处。

十一、海肠

海肠学名单环刺螠，个体肥大，肉味鲜美，体壁肌是单环刺螠的主要食用部分，富含蛋白质和人体必需氨基酸。在我国作为名贵的海鲜食品，烟台是其重要产地，有较高的经济价值。通过测定海肠体壁肌水解液的氨基酸组成发现，水解液中共检出氨基酸18种，其中必需氨基酸8种、半必需氨基酸2种、非必需氨基酸8种、鲜味氨基酸5种。其必需氨基酸能按照世界卫生组织和联合国粮食及农业组织推荐的成人需求组成模式被人体吸收利用，营养价值较高。甘氨酸和丙氨酸是呈甜味的特征氨基酸，也正是海肠具有浓郁的鲜美味的主要来源。通过对海肠新鲜废弃内脏进行成分分析，发现蛋白质含量为18.25%，脂肪含量为0.12%，总糖含量为4.09%，且含有丰富的钙、镁、铁、锌等元素；也含有丰富的二十碳五烯酸（EPA）、二十二碳六烯酸（DHA）和二十二碳五烯酸（DPA）。

此外，海肠还含有多肽、多糖等生理活性物质，提取这些活性物质既可开发保健品，也可以为开发海洋药物提供资源和研究方向。其体壁产生的黏液具有保湿功能，有望应用于化妆品行业、医疗器材行业等。目前研究发现海肠多肽具有抗肿瘤、抗菌、免疫调节等作用。海肠中富含氨基酸和多肽类物质，具有重要的呈味作用。海肠的代谢产物也可以开发具有生物活性的药物，应用于消炎、抗菌及免疫调节等方面，也可以作为制作高档海鲜调味品的重要原料。利用目前的工艺可以将海肠加工为便于食用、便于低温或冷冻保存的海肠粉或海肠液，既较大限度地保留了海肠的营养和风味，也可以延长保质期，有利于海肠调味品的商品化生产。

海肠性平、味甘，入肝、肾经，具有温补肝肾、壮阳固精的作用。在我国，海肠是鲁菜中的重要原料，它的烹调方法也很多，用海肠配头刀韭菜制作的"韭菜海肠"是胶东名菜，此外"干海肠""氽海肠汤""肉末海肠"等都是很有地方特色的菜肴。鲜海肠还可调制水饺、包子馅等。

十二、海带

海带是一种在低温海水中生长的大型海生褐藻植物，又名海昆布，有"长寿菜""海上之蔬""含碘冠军""碱性食物之冠"的美誉。海带富含碘、钙、磷、硒等多种人体必需的微量元素，且富含碳水化合物，少量蛋白质和脂肪。其中钙含量是牛奶的10倍，含磷量比所有的蔬菜都高。还含有维生素C、丰富的胡萝卜素、维生素B_1等，有美发、防治肥胖症、高血压、水肿、动脉硬化等功效。海带中的优质蛋白质和不饱和脂肪酸，对心脏病、糖尿病、高血压有一定的防治作用。海带含有大量的不饱和脂肪酸和食物纤维，能清除附着在血管壁上的胆固醇，调顺肠胃，促进胆固醇的排泄。海带中还含有大量的甘露醇，甘露醇具有利尿消肿的作用，可预防肾功能衰竭、老年性水肿、药物中毒等。甘露醇与碘、钾、烟酸等协同作用，对防治动脉硬化、高血压、慢性气管炎、慢性肝炎、贫血、水肿等疾病，都有较好的效果。海带胶质能促使体内的放射性物质随同大便排出体外，从而减少放射性物质在人体内的积聚，也减少了放射性疾病的发生率。中医认为，海带性味咸寒，具有软坚、散结、消炎、平喘、通行利水、祛脂降压等功效，并对防治矽肺病有较好的作用。

海带中的岩藻多糖是一种很好的膳食纤维，食用海带后能延缓胃排空和食物通过小肠的时间，即使在胰岛素分泌量减少的情况下，血糖含量也不会上升，有助于控制血糖，达到治疗糖尿病的目的。科学研究表明，海带的降压作用与它所含有的昆布氨酸和牛磺酸有关；高血压患者可常吃海带。海带中的昆布多糖可以通过激活巨噬细胞，抑制肿瘤细胞增殖而杀死肿瘤细胞，也可通过抑制肿瘤血管生成而抑制肿瘤生长，还可直接抑制肿瘤生长；热水提取物对于体外的人体人口腔表皮样（KB）癌细胞有明显的细胞毒作用，对由间质组织衍生的恶性（S180）肿瘤有明显的抑制作用，而且海带还富含抗癌明星硒，对预防乳腺癌的效果好。海带多糖是一种免疫调节剂，有研究表明，海带多糖对正常和免疫低下小鼠的免疫功能具有促进作用。海带中的岩

藻聚糖和岩藻多糖都具有抗凝血作用，能预防中风或其他血栓性疾病。海带在肠道中能将食糜中的脂肪带出体外，因此具有良好的降脂作用。

海带中含有大量的多不饱和脂肪酸（PUFA），能使血液的黏度降低，减少血管硬化。常食用海带能够预防心血管方面的疾病。海带中大量的碘可以刺激垂体，使女性体内雌激素水平降低，恢复卵巢的正常机能，纠正内分泌失调，消除乳腺增生的隐患。同时，由于碘是体内合成甲状腺素的主要原料，头发的光泽就是由于体内甲状腺素发挥作用而形成的。海带含有丰富的钙，可防治人体缺钙。钙元素与碘元素相搭配，不仅能美容，还有延缓衰老的作用。海带含有大量的膳食纤维，可以增加肥胖者的饱腹感，而且海带脂肪含量非常低，热量小，是肥胖者减肥的食物。

海带虽然营养价值较高，但也不宜过多食用，偏食。脾胃虚寒者要慎食，甲亢中碘过盛型的病人要忌食。孕妇、产妇、哺乳期的产妇不可过量食用海带。

第二章 烟台传统宴席

巍巍昆仑,浩瀚双海,东夷古地,礼仪之邦。《周礼》中有完整的饮食礼节、礼规,孔孟之礼仪在胶东大地传承发展。因此,烟台美食集考究的礼仪之大成,有贯穿餐桌摆设、上菜、吃菜、喝酒等全过程的礼仪。

一、传统宴席种类

按聚餐形式分为以下几种。

1. 宴会席

宴会席是比较隆重的正宗宴席,其特点是形式典雅、气氛隆重、座次讲究、内容丰富,整套菜点由冷菜、热菜、点心、水果和饭菜等构成,以热菜为主并有严格的上菜程序。宴席也是一种正规的宴席,菜点品种多,质量精,适用于举办喜事、欢庆节日、接待宾客等主要场合。饮食业经营的宴席多属此形式,"国宴"为其最高形式。

2. 便餐席

便餐席是宴会席的简化形式,主要用于一般的聚餐。它的特点是不拘形式,气氛比宴会席灵活随便,菜肴规格及质量的要求也不十分严格,根据宾主的爱好,可选配一些精致的或有地方特色的菜点。这种便餐席经济实惠,多用于家庭待客或一般的聚餐宴饮。饮食行业中的"套菜""套餐"就属于这种便餐席。

3. 酒会席

酒会席是由西餐酒会的形式演变而来的,具有形式自由、气氛活跃、食饮随便等特点。菜肴以冷菜为主,热菜、点心、水果为辅,各种菜点集中放置在展示桌台面上,席位则散置餐厅各处。宾主可随意自行在菜桌上取食自己喜欢的菜点。每个就餐者座位不固定,大家可以随意走动,彼此自由结合,过吃边谈。这种酒会主要适用于正规的大型社交性宴席。

宴席按形式分为:伴桌头、民间便宴、四一六、十菜一汤、四二八、十大碗、十二红、八仙宴、吃标准和喜事宴席的"三大件"为主。

烟台高规格的宴席,由司仪和专门班子(现代人称:大僚、副僚、路僚、物僚等服务人员)负责办理,有的提前一周或一个月甚至一年就开始筹备,礼仪非常烦琐。过去,因交通不便,客人往往提前到达,提前到达的客人由专门班子负责照顾料理。这样就产生了一种特殊的宴席——伴桌头,顾名思义伴桌头是陪伴于开桌之前的特殊宴席,一般由四干果、四水果、四点心、四蜜饯、香烟、茶水和八小碗组成,让客人先垫补垫补,为迎接即将到来的正式宴席作铺垫,是正式宴席的开场白、是序幕、是前奏,有伴和宴席之意。

二、餐桌摆设

烟台宴席的摆设是考究而精美的。当今，宴席厅内根据风格的不同摆放一张或几张餐桌，雅间一般为一桌，大厅几桌十几桌或几十桌。古朴风格放方桌（八仙桌），现代风格放圆桌，椅子的风格与餐桌相匹配。圆桌桌上放一玻璃转盘，方便转动。长方桌、方桌不铺桌布，不放转盘。圆桌转盘上摆放鲜花或绢花，有花篮、花盆或直接在桌上用花和花瓣摆图案造型的，或用美食拼摆成的大型拼盘，或是大型果蔬组雕，显得高雅华贵，让食客心情愉悦。客人面前摆放一组酒具和餐具：酒杯在前，大（啤酒杯）、中（葡萄酒杯）、小（白酒杯）一字摆开，高低参差，错落有致；正中接碟一套，小碟在大碟之上；右上角是茶杯，右边是筷架和筷子；匙子两把，一把是汤匙，一把是菜匙（现酒店多用分餐勺，高档酒店实行分餐制），还有餐巾、毛巾和纸巾、牙签等。摆设的档次视宴席标准和酒店、餐馆特色而定。在星级酒店和特色鲜明的餐馆招待层次较高的客人，桌上要摆放鲜花。酒杯为高脚杯，且使用标准的白兰地杯、葡萄酒杯和啤酒杯，餐具在豪华的宴会中，金银器皿也多有使用，筷子用银或镶金的，就连餐巾质地也是优良的。一般宴席的餐具，摆放也是有讲究，方寸不乱，家庭宴席摆放虽然简单，但客人进入餐厅，第一眼看到餐桌摆设便对宴席的档次、席位座次一目了然。

三、宴席上菜

烟台宴席上菜极讲顺序和节奏，顺序的原则是，先冷菜后热菜，席首和席尾上汤；先荤后素，先冷后热，先咸后甜，先淡后浓，先质优后一般。上菜的程序是先将冷菜上桌后，再依次上头菜（大件）和热炒菜，如果有几个大件，可与热炒菜穿插上席。点心跟随大件上或随热炒菜间隔安排，后上甜菜，甜菜前面安排一道整鱼菜，鱼的前面可安排汤菜，上完喝酒菜后再安排饭菜。整条鱼（囫囵鱼）上桌时，则预示着本桌的喝酒菜上齐了。上菜的节奏讲究先快、后慢、关键缓。

现以"四二八"和"八仙宴"为例：

"四二八"：一般四冷荤（也有六至八个的），先摆到餐桌上，宴席正式

开始前已摆好,叫迎宾菜;第一道大件上桌后随上咸点;热炒菜按炸熘爆炒等顺序上四道;第二道大件上桌后随上甜点;热炒菜按扒烧炖焖上四道。也有按汤、海参、对虾、鲍鱼、肉、鸡、鱼、素菜等依次上完,另有席尾上汤的,一般为海鲜汤或水果汤;也有点心设在热炒菜中间,品种多样;主食设在酒宴之后,一般为面条、水饺,主食之后上果盘,整个宴席结束。这种程序适应现代生活节奏明快的要求,一气呵成,一般一两个小时之内结束宴席。如果主食是米饭、饼、饽饽等,还需要上四道饭菜。

"四二八"宴席节奏跌宕起伏。如是喜事宴席,席首摆四盘点心(俗称"压桌点心"):一般为核桃酥、蛋糕、沙琪玛、蜜三刀(也有上特制点心的),用茶水就食,其目的是让客人先垫一下肚子,这样喝酒不醉。四个冷荤上来,撤掉点心,杯中斟满了酒,宴席气氛顿时浓烈起来。八个热炒菜分两组上完,两个大件设在热炒菜之首和之中,使宴席出现了两个高潮。第一个高潮是热气缥缈、鲜香萦绕的"全家福"大件端上桌来,紧随其后的是喜主为客人敬酒,鲜美的"全家福"和醇香的美酒,伴随着主人的敬意,注入客人心田,让人喜不自禁。第一组热炒菜先上四个,一般是"炸双拼""葱烧海参""㸆大虾"和"芙蓉干贝"。其间,有多位选手,或歌或戏或舞轮番上场助兴。再加上喜主敬酒的诗韵,客人自然是频频举杯,开怀畅饮。点心之后,再上第二组热炒菜,一般为"熘肚片""扣鸡"或"扒鸡""芫爆乌鱼花"或"油爆海螺""糖醋鱼"或"拔丝苹果"。甜菜之前要"撤桌",即换掉全部餐具,重新摆设,以保证甜菜味纯。随着甜菜的上桌,宴席达到了第二个高潮。如有人行酒令,大家都响应,宴席气氛浓烈再度掀起,直至结束。主食为"面条",象征着长长远远,白头到老,吉祥平安。

"八仙宴":根据"八仙过海"传说,按照仙道文化的养生理念,烟台厨师以蓬莱、长岛等地绿色、原生态特产原料海参、大虾、扇贝、海蟹、红螺、真鲷等海珍品为主要原料,辅以胶东的山珍野味,采用正宗鲁菜手法,融合现代调味手段,研制出齐鲁名宴"八仙宴"。该宴席由八个冷菜、两个主菜、八个热菜(含一个羹汤)组成。冷菜拼盘仿照八仙过海使用的宝物拼成图案,造型生动别致,工艺精巧,不仅味道鲜美,还可观赏助兴;热菜采用地道胶东手法烹制,用料丰富,选料精细,技艺精良,口味多样,每个菜都附有典故传说,展现了八仙各自非凡本领;羹汤以海参花、乌鱼蛋、清汤调制而成，味道鲜美奇特，令人唇齿留香。

上菜有五件事必须做好。一是节奏掌握好。先快，是在客人肚子较空、食量较大的情况下，快上热菜压住桌面，防止出现盘空断档现象；后慢，是便于边吃边谈，不致出现催客问题；关键缓，是在主人和客人敬酒时，把速度放缓，以便主人客人频频举杯，把酒喝好。二是上菜位置好。菜肴一个一个上桌，圆桌从副陪左边放到桌上，然后转到主客面前，方桌则从七、八席之间上桌，由陪客者端放到主客面前。三是整鱼上席的摆放要"左手头、右手尾、腹朝自己"（保证上桌后鱼腹始终朝向客人），是因为鱼肚是鱼的最佳部位，让客人先用，整鱼献腹不献脊。当然，厨师往盘中放鱼时就要打好基础。四是涮筷子的水和洗手茶随菜肴同时上桌，例如吃拔丝菜之前要涮筷子，吃对虾、螃蟹后要洗手。五是不能摞碟子，桌面放不开众多的碟子，可以换小盘，如果碟子摞在一起，是对客人的不尊重。

四、吃菜

烟台宴席过去不分餐，其礼仪极为严谨。菜要放在主客面前，主客先动筷，依次往下转，主客不吃，其他人不能动筷。圆桌自右至左方向转动转盘，无转盘的餐桌由陪客人员端盘换位置。这充分说明主客的地位是至高无上的。

吃菜：在自家门前的菜盘里搛菜，不管多少只能搛一次，且数量不能太多，即筷子不能抄得太饱满，也不能搛起来再放到碟子里去，更不能在整个碟子里翻来拣去和伸长胳膊、探出身体到对面或侧面的碟子搛菜。否则，将被别人嗤笑为没有教养。高档宴席客人面前有一把菜匙，用这把匙子将菜盛到碟里吃。吃菜不能大口吃，"从饿牢里打出来"的吃相是不得体的。一口菜吃完，要把筷子放下，再吃再拿起来。不合自己口味的菜可以不吃（主客可以示意性吃点），但合自己口味的菜一定不能多吃。

吃鱼：忌讳挑鱼眼、翻鱼。整鱼上桌后，只能吃肉，千万不能动鱼眼，如果动了鱼眼就是对主人不满意而"挑眼"的。"挑眼"有两种情况，一种是客人不懂规矩而挑鱼眼吃，主人见状会不高兴而讲几句讽刺话，客人会很尴尬。另一种是有意"挑眼"，就是客人对主人或主陪不满意，不是直言，而是挑出鱼眼放在盘子里，宴席只能不欢而散。挑了鱼眼，是客人对主人最严厉的惩罚，表明主人有眼无珠，意味着主人客人之间关系破裂，以后不能再来往了。挑鱼眼如此严肃，所以年轻人要出席宴席，家长必嘱咐一定不能动鱼眼；有时宴席期间主人因疏漏而慢待了客人、得罪了客人，客人也不会轻易地挑鱼眼。

"客不翻鱼"，是因为烟台紧靠大海，渔民驾船海上作业，忌讳"翻"字，翻鱼等于翻船。另一说，旧社会多数家庭生活拮据，人来客往设家宴，女人和孩子是上不了席的。所以宴席上客人吃鱼的一半，另一半撤下来孩子吃。对此，民间还流传着一个"翻鱼"的故事。清朝末年，烟台西部山区有一赵姓家庭正月设家宴款待亲家。男主人在炕上陪客人吃喝，女主人在正间（包含灶间）烹饪。当烹调的鱼下锅时，不懂事的男童馋得哭着闹着要吃鱼，女主人哄孩子说："别哭别闹，客人是不翻鱼的，等客人吃了上面的肉，端下来你吃下面的肉好吗?乖孩子！"男童停止了哭闹。鱼端上桌后，男童掀着门帘直勾勾地瞅着炕上吃鱼的客人。这位客人也的确不懂吃鱼的规矩，吃完了上面的肉就要翻鱼，陪客的男主人一时语塞，男童见状着了急，冲着妈妈喊："妈妈，客翻鱼了！"随即大哭起来，搞得大家面面相觑，客人尴尬至极。

烟台美食不仅吃的规矩多，而且学问大，不懂学问往往会闹出笑话，甚至当众出丑。例如吃拔丝类菜肴，拔丝菜上桌之前必上一碗凉水，是用来涮筷子的，因为拔丝菜是甜食，为了确保口味纯净，须请客人、主人把已经用过的筷子涮干净。拔丝菜上桌后，要快动筷子拔丝，否则凉了就会凝结在一起，所以食客用筷子攥起一块菜，轻轻撤回来，一头连着筷子上的菜，另一头连着菜盘的金黄色糖丝，即使拔出来了，接下来手一停顿糖丝即断；因为拔丝菜外挂糊包糖，内中温度很高，拔出丝后要放在碟中，稍待片刻食之。这种食法保证了菜肴口味纯净，糖丝丝丝相连，吃到嘴里外焦里嫩、不凉不烫，香甜可口，确为美食。如果不懂食法，往往会出现下列问题：喝掉涮筷子的水或用涮筷子的水蘸菜；动作急了拔不出丝来，或拔出的丝一头在碟子里，一头在嘴里无法了断；攥起来就往嘴里送会把嘴烫起泡。当年，军阀韩复榘在福山"吉升馆"吃"拔丝山药"时，就出过很多"洋相"，给民众留下了笑柄。再例如，"烩乌鱼蛋汤"是酸辣口味的，因众口难调，餐桌上要摆一碗白醋和一碟胡椒粉，供众食客在厨师已调出基本口味的基础上再按自己的需要调味。尝味需连尝三口才能得出准确的适口结论来，否则"浅尝辄止"，必将酸辣得无法进食。

五、喝酒

烟台民众在喝酒品种和方式方法上经历了几个不同的阶段。旧时喝的是白干（白酒）和老酒（黄酒）。19世纪末和20世纪初，随着张裕公司的葡萄酒和"醴泉啤酒"（烟台醴泉啤酒厂始建于1920年，是中国民族资本创建最早的啤酒企业，20世纪30年代抢滩上海和东南亚，与外国生产的啤酒比肩）闻名于世，人们开始喝红、白葡萄酒和其他果酒、白酒、白兰地、三鞭酒（药酒）和啤酒。20世纪80年代以后，特别是进入21世纪，烟台城乡喝酒的档次和品位明显提高。张裕公司生产的普通干红葡萄酒、干白葡萄酒，特别是"1995解百纳"干红葡萄酒、"高级解百纳"干红葡萄酒和"雷司令"干白葡萄酒，成为城市宴席的主导，"VSOP"和"XO"级的白兰地，成为款待外地、外国朋友不可缺少的品种之一，酒庄酒"1992蛇龙珠"干红葡萄酒、"1996霞多丽"干白葡萄酒和"神马XO"白兰地，由于质地优良，超过国外同类产品，成为高档宴席饮品。其他品牌的干红葡萄酒在烟台没有多大的市场份额。除了喝干红、干白葡萄酒外，还有啤酒喝纯生、白酒喝古酿（粮食酒）、药酒喝金三鞭。农村宴席上的酒，档次略低，但多为烟台当地酒。

在喝酒前的加工处理上，过去白酒和黄酒多倒在"漱"子（用锡做的酒壶呈丫形）里，放到热水中烫热后再倒到酒杯（盅）里喝。现在，喝黄酒需经电热壶煮沸后喝，白酒和其他酒一样，从瓶中倒出来直接饮用。

斟酒： 宴席上，由陪客人员（一般为副陪）或酒店、餐馆工作人员（服务员）从第一客人开始依次斟酒。斟酒的数量按酒的品种和客人实际而定。一般情况下，白酒用小杯或酒盅，斟满，"满酒浅茶"，满以不溢为标准；红酒用高脚杯，斟半杯；白兰地用大肚高脚杯，斟四分之一至三分之一杯，以酒杯斜放酒达到杯口不溢不缺为标准；喝白兰地有加冰块的习俗；啤酒用专用杯，斟到泡沫丰满在杯顶。特殊情况下客人提出少斟酒且经主陪同意后方行。斟多斟少都有欺客之嫌：原则上喝一杯斟一杯，也有喝一点即又斟的，自斟自饮被视为贪杯。夏季一般不喝黄酒，春秋冬季喝黄酒烫酒时要加糖和姜片，这样味道更好，营养更丰富。

敬酒：烟台各类宴席不可以一个人（主人或客人）主动地、毫无声息地自己饮酒和自斟自饮。喝酒是在相互敬酒的气氛中进行，宴席开始，由主陪说明宴席的主题，请大家喝酒，主陪主动与众人碰杯，"先喝为敬"，然后从主客开始依次喝下。第一杯酒是否干杯，要视宴席的具体情况，包括酒的品种、主人和客人酒量、大家意见等。主陪一般敬两杯酒，叫"敬双不敬单"。主陪敬毕，副陪敬酒，敬的数量有三种情况：其一数量不能超过主陪，只敬一杯；其二反话倒讲，敬三杯；其三与主陪一样，敬两杯。然后其他陪客人敬酒，敬酒数量、品种没有规定，有敬一杯的，有敬多杯的，也有"打一圈"（即敬每人一杯酒）的；敬酒的品种，是葡萄酒，还是白酒、啤酒，要视客人和敬酒者的意见而定。主人敬酒后，客人要回敬，从客座最末一位开始，第一客人最后，敬酒数量、品种不限。第一轮敬酒结束也叫"酒过三巡"，而后放开——即喝多喝少、敬多敬少、什么品种、怎样喝法不限。过去，烟台民间有劝酒的习惯，主陪生怕客人喝不够、喝不好，就变着法、磨嘴皮子劝酒。这一方面是好客的表现，另一方面太勉强会让客人生烦并对今后主人或主陪的宴席活动"望而生畏"。现在，随着精神文明建设的深入开展，酒文化也发生了很大变化，其中烟台民众不劝酒和少劝酒就是历史的进步。敬酒词多种多样，极尽敬酒者思维、口才之能事。一般为祝贺、祝福、祝愿、感谢、友谊等，充满着善意、友好、尊敬、尊重、祥和的气氛，让人不好意思不喝。

喝酒：旧时烟台民众喝白酒和黄酒时，用手指在酒杯里蘸一点，然后向空中和地下分别弹一下，或用筷子蘸点滴在地上，要"先敬天敬地"，这是封建迷信的表现。现在，民众喝酒直接入口。喝酒需处理好主动与被动的关系。敬酒者主动喝，大口喝，以示心诚，感动大家；被敬者可找理由小口呷或不喝，也可随敬酒者等量喝。需处理好喝足喝好与贪杯的关系。宴席气氛融洽，喝足喝好理所当然，否则会辜负主人一片心意，但如果喝醉了结果会适得其反。需处理好喝酒与吃菜的关系，一般为喝一口酒，吃一口菜，不能频吃菜而不喝酒，喝酒后即可吃菜，因菜是酒肴。有时冷荤上桌后，主陪可请大家先吃菜后喝酒，叫"垫垫底，多喝酒"。需处理好碰杯与干杯的关系，通常情况下碰杯要干杯，且碰者为先，如果被碰者不能干杯，需说明理由，请碰杯者谅解。需处理好一个酒种喝到底和变换其他酒种的关系，喜宴一般先喝红酒再喝白酒，红酒象征喜事红彤彤，白酒象征新人白头偕老。其他宴席一般由主陪与客人商量喝什么酒，客人可提出种类，但不能明确酒的档次，更不能点名喝名贵酒。"酒过三巡"宴席气氛达到了高潮，有戛然而止，即宣布宴席结束的，也有开始行酒令的，即大家或少数人继续喝酒。陪客者会控制好局面，防止醉酒。城市宴席一般不行酒令，特殊情况下的非正式宴席也只是猜个扑克牌或在汤碗中转个汤匙而已。

六、座位

烟台宴席排桌和座位排列是非常讲究的，按照中华民族传统右为上的原则和标准实施，一成不变。桌席排列：一次宴席有一桌、几桌或十几桌、几十桌不等。要把几桌以上的桌席排列好很不容易。基本原则是重要人物、长辈排在第一桌或头几桌，然后视身份、辈分、年龄等依次类推。历史上烟台"男女不同席"，即男女不能在同一宴席上享受美食；"父子不同席，爷孙可同席"。现在，这些陈规已被打破。以结婚喜宴排桌为例，以第一客人为核心：第一、第二桌为"送亲大客"。烟台民间办喜事，是由新娘的哥哥或叔叔二人将新娘送到新郎家，此谓"送亲大客"。"送亲大客"是新娘家人的代表，有至高无上的地位，如果新郎家招待不好，有权把新娘领回家（只听说，没有谁能举出实例）。所以把"送亲大客"安排在最显要的宴席位置也是当然的。如果"送亲大客"是两辈人，必须安排在第一、第二桌上（长者第一桌）；如果是同辈人，也可以安排在同一桌上。第三桌为新娘，第四桌为长辈，第五桌为朋友……妇女、孩子桌排在后面。其他宴席，主题人物和头面人物在一桌就座，一般人物靠后排，朋友、同学聚会，随意性比较大，有按年龄排的，也有随意的。

座位实际历史和现在差异较大。从宴席桌形上分，有圆桌、八仙桌（方桌）和小炕桌（长方形，放在炕上用），从每桌人数来分，有六人席、八人席、十人席、十人以上席。先从八仙桌说起。1949年以前，正规宴席一般用八仙桌，大型活动人数较多的，集中安排餐馆大厅、院落或分散在邻居家中，桌前挂桌围，古时候宴席一般排在家中，大厅、院落、胡同也会排桌的。

八仙桌六人席正面右为一席、左为二席。两侧为三四五六席，前面挂桌围。八仙桌八人席，右侧为一三席，左侧为二四席，正面为五六席，背面为七八席。

圆桌是当代逐步在烟台推广开来的。圆桌的最大特点是，不管每席人员多少，其座位排列原则和程序是按国际惯例和我国国家宴席标准设定的。一般十人以下安排两位陪客人，十二人以上安排四位陪客人。

炕桌是家庭宴席的餐桌，放在炕上，客人座位排列要根据东屋、西屋来分，但都以炕桌的右上方是第一客人的位置，左上方是第二客人的位置，右下方是第三客人的位置，左下方是第四客人的位置，靠窗的是凑言的位置（烟台方言，相当于三、四陪），靠炕沿的是主陪和副陪。

方桌、圆桌排位，由餐厅门和上菜口而定。

七、陪客

能否把一桌丰盛的美食佳肴吃好，把美酒玉液喝好，把规范的美食礼仪实施好，关键在陪客人。烟台宴席特别重视陪客人，陪客人一般宴席每桌为两人，一主一副，主尤其重要，有宴席主人自任主陪的，也有另选高人任主陪的，副陪协助主陪工作。这里以结婚喜宴为例详述。

陪客的基本条件：喜宴的陪客人都是喜主聘请的，主陪的身份要好。现在，大多为家族、家庭中有学问的长辈；或是干部、企业经理或更高层次的领导、教师等文化人；或是同村同族同学中重量级的人物，或是其他有名望和声誉的人。例如陪"送亲大客"的主陪一般是村干部，副陪一般是本族长辈，陪新娘的一般是妇女干部和奶奶等。主陪的素质要高，首先知识面要广，什么天文地理、人文历史，特别是小范围的经济、政策都能讲得头头是道。这样，宴席一般不会冷场；讲错了也是遭人嗤笑的。其次举止要文雅，处事、讲话、吃菜、喝酒彬彬有礼，一派绅士风度。再次是头脑灵活，随机应变，话语得体，面面俱到。还要口才好，谈笑风生，诙谐幽默，大家满意。副陪则要配合主陪，烘托气氛，周到服务。陪客人外观形象要好，起码是五官端正、身材匀称、着装得体。陪客人酒量要好，主陪、副陪起码一个人能胜酒力，否则无法让客人吃好喝好，特别是"酒过三巡"后的高潮。

陪客的基本任务：根据宴席主题的不同，把握宴席的基调，控制宴席的时间和节奏；张罗客人把美食吃好，把美酒喝好，让客人满意；把主人可能出现的小小疏漏弥补好；按照喜宴的礼节规定，把一些具体事项处理好，特别是陪"送亲大客"的：包括迎接客人，引领客人入席，为客人搛菜、敬酒、端饭，引领客人进入新郎家，转达"回门"时间，送客人回家……

当好主陪掌握的基本原则：了解主人的意图和宴席设置标准，做到心中有数，特别是菜肴的顺序规律，以便掌握好节奏。了解客人的情况，特别是第一客人，包括身份、特点、爱好、酒量等，便于把握宴席的基调，热情、大方、得体地款待好第一客人，不冷落其他客人。处理好主动与被动的关系，款待客人喝好酒、吃好饭，自己要带头喝酒，但不能醉酒，客人没吃完主食，主陪不能放下筷子，否则客人则认为不让再吃了，闹出误会，影响宴席气氛。

八、客人

被主人邀请出席宴席的都是客人，具体可分为主要客人、一般客人和陪客客人三种类型。在烟台，客人出席宴席有明确礼仪要求。

客人明确宴席的情况。接到邀请后，客人通过主人和其他人员了解宴席的主题，是喜事宴席还是开业宴席，是有明确事项的宴席还是一般聚会，以便心中有数。如是喜宴要提前准备红包；如是开业宴席要提前准备礼物，了解出席宴席的其他人员，与自己的生熟程度和亲疏关系、座位安排等，如有不妥可向主人提出调整或自己采取解决问题的措施。了解宴席的具体时间，以便妥善处理自己的工作和相关事项，确定在宴席时间内能否出席；了解宴席地点，提前确定行程和交通工具；了解自己在宴席期间所承担的任务，提前做好相关工作。

客人明确被邀请出席宴席，一般会有下列因由：客人与主人是同乡、同事、同学、朋友、亲戚等，关系密切，亲友聚会，主人自然想到，客人必然出席；主人有宴席，邀请客人前来祝贺，例如寿宴、乔迁宴、盖房上梁宴、公司开张宴等；主人家办喜事，邀请客人承担一桌宴席的主陪或副陪的重要任务，把宴席组织好，或作为"送亲大客"，代表家庭把女方送到婆家去；客人曾为主人办过好事，主人设宴答谢，或主人有求于客人，设宴在前，或主人设宴与客人加深感情，为遇事相求打基础等。客人明确了主人邀请自己的因由后，即做好相关准备工作或无须准备，按时赴宴或不参加宴席。

客人端正出席宴席的态度。烟台民间常说"请客不到肝肺心（干费神）""请客不到伤人心"。请客有三怕："一怕客不到，二怕不喝酒，三怕喝醉酒。"鉴于此，凡被邀请的客人都是经过主人深思熟虑的，是对客人的肯定与尊重。心胸豁达的烟台人在被主人邀请后，一般都能体谅主人的良苦用心，凡不是"赤裸裸交易"的宴席，哪怕是有不同想法或与主人、个别客人关系有缝隙，也能正确对待，欣然出席宴席，不会失礼。

客人着新装，整仪表。客人出席宴席活动，必须衣着整洁，仪表端庄。因此，接到邀请后，客人要提前理发、美容、化妆，使之精神焕发。如果男子胡子拉碴、女子蓬头素面出席宴席，是对主人的不尊重、不礼貌。客人要挑选好衣裤、鞋袜，以求得体，家庭经济条件好的客人还会买新衣、购新鞋，以端庄的仪表出席宴席。近几年，结婚喜宴的"送亲大客"、陪"送亲大客"和陪新娘的男女客人，都着正装，穿西装，以显示身份和档次，维护和树立自己和主人的形象，尊重自己，尊重大家。

客人准备"红包"。凡出席结婚喜宴、生子喜宴（包括"五日""满月""百岁""生日"等）、寿宴和送行宴席等的客人，都要准备"红包"，这是必行之礼，不能"空手参加，抹嘴就去"。"红包"内钱多少视情况确定，"红包"可以提前送给主人，也可以出席宴席当日送到。主人要记账，以备"礼尚往来"。

客人按时出席宴席。宴席开始一般是有时间设定的，特别是婚宴和其他多桌宴席。客人要提前五至十分钟到达，最迟不能超过了预定时间。提前到达，便于主人在座位、酒类等方面妥善安排，准时开席。否则，一人不到大家等，给整个宴席造成被动，或宴席已经开始，客人姗姗而来，被大家视为"不守时的人"而尴尬。

客人宴席期间大方、得体。主要客人是宴席的核心，主陪把活动围绕主客展开，生怕客吃不好、喝不好，不满意、不舒畅。作为主客必须摆正自己的位置，谦虚、随和，没有居高临下的身份，没有众星捧月的优越感，不把自己意志强加给主人或其他客人；主动配合主人的工作，带头得体地吃菜、喝酒，活跃宴席气氛。出席婚宴的"送亲大客"不忘自己的使命，酒宴结束后在主陪的陪同下与喜主见面，说些对新娘有利的客气话：嘱咐新娘孝敬公婆、待好丈夫，处理好家庭关系；回喜主确定的新娘"回门"时间，"带着太阳"（即太阳落前）返回家中。至此，任务才算告成。烟台民间认为，"送亲大客"是新娘的表率和化身。民众常讲"过子看'饽饽'，娶媳妇看哥哥"，充分说明作为"送亲大客"的新娘哥哥，宴席间的一言一行，一举一动，代表着新娘的形象，主人对"送亲大客"的第一印象，就是对新娘的第一印象。这种观点现在看虽有偏颇但内中蕴藏着一定道理。

九、请客

烟台民间有句俗话："宴好设，客难请"。请客，并非一件简单事，不按礼仪规矩做，势必出现问题。

确定请客范围。设立宴席的时间确定后，主人首先要考虑宴席主角——客人，请谁赴宴，在哪个范围请客，要考虑周全，尤其是结婚喜宴。该请的没请，不该请的请了，大家都不好，舆论更难听。烟台人好客，婚宴请客范围较大，以农村家庭父亲为儿子举办婚宴为例，一般请的客人是：本族的长辈、平辈、晚辈，包括曾爷爷、曾奶奶，叔伯曾爷爷、叔伯曾奶奶，爷爷、奶奶，叔伯爷爷、叔伯奶奶，伯父、伯母、叔父、婶母，叔伯伯父、叔伯伯母，叔伯叔父、叔伯婶母，哥哥、姐姐、弟弟、妹妹，堂哥、堂姐、堂弟、堂妹以及侄儿、侄女、孙子、孙女等，其他亲属，包括姥爷、姥姥、舅舅、舅母、姨、姨父和舅姨表哥、表嫂、表弟、表弟媳、表姐、表姐夫、表妹、表妹夫以及他们的晚辈，姑奶奶、姑爷爷和姑表大爷、姑表叔、姑表母、姑表婶、姑表姑和姑父、姑表哥、姑表嫂、姑表弟、姑表弟媳、姑表姐、姑表姐夫、姑表妹、姑表妹夫以及他们的晚辈，舅爷爷、舅奶奶、舅表大爷、舅表叔、舅表母、舅表婶、舅表姨、舅表姨父以及他们的晚辈，请客范围还有同村有人情往来的街坊邻居，包括喜主和儿子的同事、朋友等。所以一般出席宴席的客人在二百人以上，多则五百至六百人。

城市结婚喜宴宴请范围可大可小。近几年城市节俭风较盛，喜宴请客范围较小。

提前请客。举行宴席都要主人亲自请客，且要有提前量，便于客人提前心中有数、妥善安排，保证出席宴席。结婚喜宴一般提前一两个月请客，有的甚至提前半年；其他宴请活动一般提前两三天请客，当日请客非亲密无间的朋友不行，传统规矩是提前"三天为请，一天为叫，当日为提（读dī）溜"。除了要好的朋友外，没有提前一天或当天请客的，即便是请了，也一般不到。农村喜宴要请四次客：第一次口头请客，第二次送请柬上门，第三次喜宴日前七天，第四次喜宴当日上午。四次请客的内容包括告知事项、正式邀请、明确宴席地点和时间、问询赴宴的承诺是否有变化和最终落实。后几次请客喜主可委托他人代行。

凡隆重的宴请活动都要送请柬。旧时的请柬是手写的，新时代的请柬是印刷的，非常漂亮、精致。喜宴请柬和其他活动请柬不同，包括内容、格式、外装等。请柬写明了宴席的地点、时间、主题和邀请人，让客人一目了然。

迎客。宴席开始前二十分钟左右，主人要组织人员到宴席厅门前迎客，迎到客人后鞠躬、握手，感谢客人光临，引导客人进入宴席厅，安置好随行人员……如果客人徒步而来，主人问候客人旅途辛苦，如果客人乘出租车而来，主人可为客人付车费。这些细节都是迎客礼节。

送客。宴席结束，主人要把客人送到大门口，询问饭菜是否吃好，酒是否喝好，招待不周、有纰漏请包涵和原谅，感谢出席宴席，回家好好休息，互道午安或晚安……

十、宴席时间

烟台民众传统喜欢双数和三、六、九，故历史上安排大型宴请活动，多为农历双日和三、六、九日；当代，大型宴请活动一般安排周末和双休日、长假日，这个时间主人、客人都方便。一般宴请活动对时间要求不是太严格。

宴席当日时间一般是中午或晚上。喜宴和农村其他宴请活动都安排中午，因为农民时间充裕，便于开怀畅饮，城市一般宴请安排晚上，因为中午时间较短，不能因宴席而影响正常工作。

十一、宴席菜点

烟台宴席菜点的基本内容一般包括鲜果、干果、冷菜、大件菜、热炒菜、甜菜、汤菜、点心、饭和饭菜等。

1. 鲜果

鲜果主要是指时令瓜果，如西瓜、哈密瓜、苹果、橘子、香蕉、樱桃、葡萄等。鲜果有的先上，有的后上，有的先看后吃，即在主人到来之前先摆放在餐桌上，上冷菜时，由服务员撤下，经去皮加工拼摆成果盘，等宴席快结束时再上桌食用。

2. 干果

干果是指脱水干制的果类原料，如葡萄干、各种瓜子、花生、开心果、大杏仁、山楂干、桂圆、核桃仁等。一般情况下是上冷菜之前先在餐桌上摆放四盘干果，供客人食用，上冷菜时，服务员撤下或应客人要求继续放在餐桌上食用。

3. 冷菜

冷菜又称为冷盘、凉菜，一般有四单盘、四双拼、四三拼，或单盘、双拼、三拼兼有。较高档的宴席则安排一个大花色冷菜，再配上四个、六个或八个围碟（单盘或双拼），也有的直接安排六个、八个或十个小冷菜。

4. 大件菜

宴席中的大件菜一般选择质量优的原料，并采用整只、整块或整尾的原料，配置过程中分量也较大。大多数菜肴成品质地酥烂、口味醇，质量最好的大件一般作为头菜上。

5. 热炒菜

热炒菜多采用炸、熘、爆、炒、烹、烧、烩、煎、炖、氽等烹调方法，菜肴的口味形状、色泽和质感均要多样化。

6. 甜菜

甜菜是指呈现单一甜味的菜肴。选料以植物性瓜果为主。多采用拔丝、挂霜、蜜汁等烹调方法制作，一般每桌宴席中安排一道甜菜。

7. 汤菜

汤菜也是宴席中不可缺少的菜肴品种，一般是选用鲜美的清汤或奶汤制作。成品半汤半菜，口味以咸鲜、酸辣为主，上桌用汤碗或高档的专用餐具盛装。

8. 点心

宴席中点心的配备应根据不同的规格灵活安排，一般以两三道为宜，并且要有一定的配合要求，如咸甜配合、干湿配合，高档宴席还应安排一定的花色品种。

9. 饭和饭菜

饭菜是配合吃饭而安排的菜，品种应根据不同的主食而确定，如食用面条应配以各种卤或炸酱等，上馒头或米饭应配以各种汤菜、炖菜或烩菜，冬季还可以配以各种砂锅菜。

第三章 烟台名菜

扒鱼脯

原料

主料：净牙鲆鱼肉250克。

配料：猪肥肉50克、葱10克、蒜5克、油菜心20克。

调料：食盐5克、味精2克、料酒10克、鸡蛋清150克、葱姜汁8克、清汤500克、湿淀粉20克、熟猪油750克（约耗25克）、鸡油5克、香油2克。

选料要求

1. 牙鲆鱼肉应新鲜，无异味。
2. 猪肥肉宜选用膘厚的部位。

制作工艺

刀工

1. 将葱切成2厘米长的段，蒜切成0.2厘米厚的片，油菜心洗净用开水烫过。
2. 将鱼肉、猪肥肉分别剁成细蓉（或用搅拌机搅打成蓉），放到大碗内边加清汤边用筷子朝着一个方向搅，待吃足水时，再加入鸡蛋清、葱姜汁、食盐、味精、料酒、香油搅匀即成鱼料子。

烹调

1. 锅内加入熟猪油，烧至90℃，将鱼料子用勺挖成小元宝形，放入油中浸熟，捞出再放入开水中一氽，捞出控净。
2. 另起锅，加入熟猪油，用葱蒜爆锅，出香味后，烹入料酒，加入清汤、食盐烧开，撇去浮沫，放鱼脯、味精，用湿淀粉勾成熘芡，淋上鸡油，装入用菜心围边的盘中即可。

制作要求

1. 鱼蓉一定要剁细，且不能有筋膜。
2. 打鱼料子时要顺着一个方向搅打。
3. 制丸子时掌握好油温和火力。

特点 色泽白亮、香味清香、口味咸鲜、质感软嫩。

扒原壳鲍鱼

原料

主料：活鲍鱼10只（约1000克）。

配料：葱15克、姜10克、竹笋15克、冬菇15克、油菜心15克、火腿15克、西蓝花150克。

调料：清汤300克、料酒8克、食盐5克、味精2克、湿淀粉25克、葱姜油10克、鸡油5克。

选料要求

1. 鲍鱼应新鲜，无异味。
2. 竹笋宜选用冬笋，油菜心、西蓝花等要新鲜。

制作工艺

刀工

1. 将葱切成3厘米长的段，姜切成0.2厘米厚的大片。
2. 将鲍鱼洗刷干净，放入锅内，加清水、料酒、葱段、姜片，用微火加热成熟，捞出取出鲍鱼肉，去掉沙肠，刮净外皮，洗涤干净，片成0.2厘米厚的大片。
3. 将竹笋、冬菇、火腿、油菜心片成大片。
4. 将西蓝花切成小块。

烹调

1. 锅内加入清汤、食盐、料酒烧开，将竹笋片、冬菇片、火腿片、油菜心片入锅一烫，捞出控净水。
2. 依次将一片火腿、一片鲍鱼，一片冬菇、一片鲍鱼，一片竹笋、一片鲍鱼，一片油菜、一片鲍鱼，放在刷净的鲍鱼壳内，摆入圆盘周围，上屉蒸约5分钟。
3. 锅内加水烧开，将西蓝花放入一烫，捞出控净水，整齐摆入小碗内，加清汤、食盐、味精、料酒，上屉蒸约5分钟取出，滗净汤汁，扣入鲍鱼盘中央。
4. 锅内加清汤、食盐、味精烧开，撇去浮沫，用湿淀粉勾成浓熘芡，淋入葱姜油、鸡油，浇在鲍鱼壳内和西蓝花上即可。

制作要求
1. 鲍鱼片和其他蔬菜片不要烫时间过长。
2. 掌握好蒸制时间和火力。
3. 掌握好芡汁的浓度。

特点 色泽透亮、香味浓郁、口味咸鲜、肉质软嫩。

拔丝苹果

原料

主料：苹果500克。

调料：绵白糖125克、面粉75克、酵母5克、花生油1000克（约耗25克）、香蕉油1克。

选料要求

1. 苹果应新鲜。
2. 宜选用红富士苹果。

制作工艺

刀工

将苹果去皮、去核，切成滚料块。

烹调

1. 用酵母、面粉和水调成发酵糊，放温暖的地方发开。
2. 锅内加入花生油，烧220℃热，将苹果挂上发酵糊，逐块放入油中炸透，呈金黄色，捞出将油控净。
3. 将锅刷净，加5克花生油，加糖炒到溶化，变金黄色，出丝时，将炸好的苹果倒入锅内翻匀，加香蕉油盛出即可。

| 制作要求 | 1. 苹果块要大小一致。
2. 掌握好炸制时的油温和火力。
3. 炒糖时要掌握好火候。 |

特点 色泽金黄、焦香、味甜、质脆。

葱烧海参

原料

主料：水发海参400克。

配料：葱100克。

调料：酱油10克、食盐2克、味精2克、清汤100克、糖色10克、花生油750克（约耗75克）、料酒10克、湿淀粉15克、葱油5克、香油3克。

选料要求

1. 海参要发透但不能发过。
2. 葱宜选用当地鸡腿葱。

制作工艺

刀工

1. 将海参顺长片成长条。
2. 将葱切成5厘米长的段。

烹调

1. 锅内加入水烧开，将海参放开水中冲一下，捞出将水控净。
2. 锅内加花生油烧至220℃，将海参放油中冲一下，捞出将油控净。
3. 将25克花生油下锅烧热，葱段下锅炸至金黄色，再将料酒、清汤、酱油、食盐、海参、糖色、味精下锅烧开，慢火煨10分钟，用湿淀粉勾成浓熘芡，加香油、葱油盛出装盘即可。

制作要求

1. 海参要冲油，把水分激出来。
2. 烧制时要慢火烧透入味。
3. 勾芡时掌握好火力，打葱油要匀。

特点 色泽红亮、葱香浓郁、口味咸鲜、质感软糯。

原料

主料：鲅鱼肉200克。

配料：猪肥肉膘50克、葱15克、姜5克、韭菜10克。

调料：食盐5克、味精3克、料酒10克、葱姜汁10克、鸡蛋清25克、清汤800克、胡椒粉3克、醋20克、香油5克。

选料要求

1. 鱼肉应新鲜，无异味。
2. 猪肥肉膘应当选用油脂厚、无表皮和内膜部位。

制作工艺

刀工

1. 将鱼肉、猪肥肉膘剁成细泥，加葱姜汁、食盐、味精、料酒、鸡蛋清搅匀成鱼料子。
2. 将葱切成丝，韭菜切成末。

烹调

1. 锅内加入清汤烧至70℃时，将鱼料子用手挤成直径2厘米大小的丸子，放入汤中氽熟，捞出装入汤碗内。
2. 将汤加食盐、葱丝、料酒、味精、醋烧开，撇去浮沫，然后加入胡椒粉、韭菜末，淋上香油，盛在碗内即可。

| 制作要求 | 1. 鱼泥要剁细。
2. 搅打鱼料子时要顺着一个方向搅拌上劲。
3. 氽制时水不要沸腾。 |

特点 色泽亮丽、略带醋香、咸鲜酸辣、质感嫩滑。

脆炸虾仁

原料

主料：虾仁300克。

配料：葱15克、姜15克。

调料：湿淀粉75克、鸡蛋清15克、食盐3克、料酒10克、胡椒粉3克、椒盐10克、花生油750克（约耗75克）、清汤少许。

选料要求

1. 虾仁应新鲜，无异味。
2. 鸡蛋清应新鲜。

制作工艺

刀工

1. 将虾仁片成抹刀片。
2. 葱姜分别切成0.2厘米粗的丝，用少许清汤制成葱姜汁。
3. 虾仁用葱姜汁、食盐、料酒、胡椒粉腌渍入味。

烹调

1. 用湿淀粉、鸡蛋清调成浓糊。
2. 锅内加入花生油，烧至200℃，将虾仁挂上调好的糊，放入油中炸熟，呈金黄色，外焦，捞出将油控净，盛在盘内即可。上桌时外带椒盐。

制作要求

1. 虾仁要片的大小一致，小虾仁也可不改刀。
2. 腌渍入味的原料要静置15分钟以上。
3. 掌握好糊的浓度、炸制时的火力和时间。

特点　色泽金黄、咸鲜焦香、外焦里嫩。

福山烧鸡

原料

主料：活鸡1只（约500克）。

配料：葱50克、姜25克、蒜20克。

调料：食盐5克、味精3克、酱油20克、花椒5克、大料3克、桂皮5克、饴糖50克、花生油1000克（约耗50克）。

选料要求

1. 鸡宜选用小公鸡。
2. 鸡应现杀现用。

制作工艺

刀工

1. 在活鸡脖子下割一刀口，放净血，用70℃左右热水冲烫后，去净鸡羽毛，剥去鸡爪和嘴尖的老皮。在鸡肛门处顺割一小口，取出内脏、食管，剁去爪尖，使两翅由鸡嘴内左右伸出，向后别住，再把大腿交叉放入鸡腹内。
2. 将葱、姜一半切成葱米、姜米，另一半切成葱段、姜片；把花椒压碎与食盐、葱姜米均匀地擦在鸡身上，腌渍3小时，用洁布擦干。饴糖加清水调匀，均匀地抹在鸡身上。

烹调

1. 锅内倒入花生油，烧至220℃时，将鸡放入油中炸至枣红色，捞出将油控净。
2. 将葱段、姜片、花椒、大料填在炸好的鸡腹内，放入锅内加水、花椒、大料、桂皮（用洁布包好）、食盐、味精、酱油，旺火烧沸后去掉浮沫，移至微火上焖煮至鸡酥烂时，捞出即可。上桌时将鸡撕开，放在盘内，浇上原汁，外带用酱油、蒜泥兑成的汁水。

制作要求
1. 鸡要去净内脏，清洗干净。
2. 掌握好别鸡的方法。
3. 掌握好炸鸡时的油温和火力。

特点 色泽红亮、浓香适口、肉质鲜嫩。

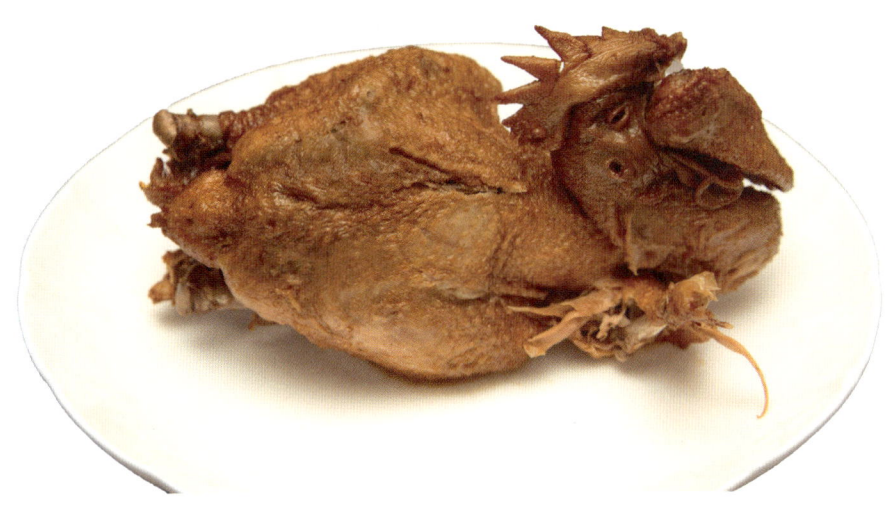

干烧加吉鱼

原料

主料：加吉鱼1条（约900克）。

配料：葱10克、姜5克、笋5克、香菇5克、青红辣椒各5克、干红辣椒5克、猪肥肉膘50克。

调料：绵白糖30克、食盐10克、糖色10克、料酒10克、味极鲜酱油10克、花生油750克（约耗50克）、辣椒油2克。

选料要求

1. 加吉鱼应新鲜，无异味。
2. 宜选用渤海湾出产的加吉鱼。

制作工艺

刀工

1. 将葱、姜分别切成0.2厘米粗的米，干红辣椒切成1厘米长的节，笋、香菇、青红辣椒、猪肥肉膘切成1厘米大小的丁。
2. 将加吉鱼去内脏。鳞、鳃洗净，剞柳叶花刀，用味极鲜酱油、料酒腌渍入味。

烹调

1. 锅内倒入花生油，烧至250℃，将鱼放入热油中炸成金黄色，捞出将油控净。

2. 另起锅,加入25克花生油,用葱姜米爆锅,将干红辣椒节、笋丁、香菇丁、猪肥肉膘丁下锅略炒,加入糖色,加食盐、绵白糖调味。把炸好的鱼放入锅内,旺火烧开,改中小火将鱼烧透入味,将鱼捞出盛入盘中。大火将锅内的余汁收浓,加入青红辣椒丁,淋上辣椒油,浇在鱼身上即可。

制作要求
1. 掌握好柳叶刀的刀距。
2. 掌握好炸制时的火力和油温。

特点 色泽红亮、香甜咸辣、肉质软嫩。

干炸丸子

原料

主料：猪肥瘦肉250克。

配料：葱10克、姜10克。

调料：食盐3克、酱油10克、湿淀粉50克、鸡蛋25克、花生油750克（约耗50克）、花椒盐5克。

选料要求

1. 猪肉应新鲜，无异味。
2. 宜选用肥三瘦七的猪肉。

制作工艺

刀工

1. 将葱、姜分别切成0.2厘米粗的米。
2. 将猪肉剁成粗泥，加湿淀粉、鸡蛋、葱姜米、食盐、酱油腌渍入味。

烹调

锅内加入花生油，烧至220℃，将调好的肉泥，做成栗子大小的丸子，放入油中炸熟，呈金黄色，捞出将油控净，盛在盘内即可。外带花椒盐。

制作要求
1. 肉泥不要剁太细。
2. 掌握好炸制时的油温和火力。

特点 色泽金黄、口味咸鲜、外焦里嫩。

锅㶽鱼盒

原料

主料：净鱼肉250克。

配料：猪肥瘦肉75克、葱15克、姜10葱、香菜10克。

调料：食盐5克、味精3克、鸡蛋黄50克、面粉25克、花生油50克、料酒10克、清汤25克、葱姜汁15克、香油2克。

选料要求

1. 鱼肉应新鲜，无异味。
2. 宜选用肥三瘦七的猪肉。

制作工艺

刀工

1. 将猪肥瘦肉剁成肉泥，加食盐、葱姜汁、味精、料酒、香油调制成肉馅。
2. 将鱼肉片成3厘米宽、4厘米长、0.2厘米厚的片，在两片鱼片中间夹上肉馅包成盒形。葱、姜分别切成0.2厘米粗的丝。

烹调

1. 锅内加入花生油烧热，滑锅，然后倒出，再加入30克花生油，将鱼盒拍上面粉，挂上蛋黄液，下锅煎熟至两面呈淡黄色，倒出将油控净。

2. 另起锅,加入20克花生油烧热,用葱姜丝爆锅,烹料酒,加清汤、食盐、味精烧开,将鱼盒下锅煨透,捞出摆在盘内,锅内原汤淋上香油,香菜浇在盘内即可。

制作要求
1. 鱼盒煎时要掌握好火力。
2. 煨制时要煨透。
3. 煨好后,汤汁不要太多。

特点 色泽金黄、肉质软嫩、醇香适口。

滑熘肉片

原料

主料：猪瘦肉250克。

配料：葱15克、蒜5克、水发木耳15克、竹笋15克、青菜15克。

调料：食盐3克、味精2克、料酒10克、湿淀粉30克、鸡蛋清15克、花生油750克（约耗50克）、清汤100克、香油2克。

选料要求

1. 猪肉应新鲜，无异味。
2. 猪肉宜选用里脊或外脊。

制作工艺

刀工

1. 将猪肉顶丝切成0.2厘米厚的片，用20克清汤、食盐、料酒、鸡蛋清、湿淀粉上浆。
2. 将葱切成1厘米长的豆瓣葱；蒜切成片；青菜片成抹刀片；水发木耳择成小朵；竹笋切成2.5厘米长、1.5厘米宽、0.2厘米厚的片。

烹调

1. 锅内加油烧至150℃，将上好浆的肉片，放入油中滑至嫩熟，捞出将油控净。

2. 另起锅，加入25克花生油烧热，用葱、蒜爆锅，加料酒一烹，再加80克清汤、木耳、竹笋、青菜、食盐、味精烧开，撇去浮沫，用湿淀粉勾成滑熘芡，将肉片倒入锅内翻匀，淋上香油盛出即可。

制作要求

1. 肉片要厚薄均匀，上浆适度。
2. 掌握好滑油时的油温和火力。
3. 掌握好芡汁的浓度。

特点 色泽白亮、咸鲜清香、肉质滑嫩。

黄焖鸡块

原料

主料：净小鸡1只（约500克）。

配料：葱15克、姜10克、油菜100克。

调料：食盐3克、味精2克、清汤50克、料酒10克、酱油20克、糖色10克、花椒3克、大料3克、桂皮3克、湿淀粉15克、花生油750克（约耗50克）、香油2克。

选料要求

1. 鸡应新鲜，无异味。
2. 鸡宜选用小公鸡。

制作工艺

刀工

1. 将鸡剁成3厘米见方的块，用酱油、料酒、糖色腌渍入味。
2. 将葱切成3厘米长的段；姜切成片。
3. 将油菜修整成形。

烹调

1. 锅内加水、油、盐，烧至沸腾，将油菜焯水后装入盘内。另起锅加入花生油，烧至250℃，将腌渍入味的鸡块放入油中炸成金黄色，捞出将油控净，将优质的鸡块摆在碗底部，质次的摆在碗中间，一般的摆在碗上部，加清汤、酱油、料酒、葱段、姜片、花椒、大料、桂皮上屉蒸50分钟，至烂取出，去掉葱、姜、花椒、大料、桂皮，滗汤，将蒸好的鸡块扣入盘内。

2. 将滗出来的汤倒在锅内,加料酒、食盐、味精调味烧开,用湿淀粉勾成熘芡,淋上香油浇在鸡块上即可。

制作要求
1. 炸鸡时掌握好油温和火力。
2. 蒸制时掌握好时间和火力。

特点 色泽黄亮、肉质软烂、香醇咸鲜。

烩烂蒜肚丝

原料

主料：熟肚头2个（约400克）。

配料：蒜50克、香菜5克。

调料：食盐5克、味精3克、料酒15克、湿淀粉20克、花生油30克、清汤750克、鸡油10克、胡椒粉3克、香油2克。

选料要求

1. 肚应新鲜，无异味。
2. 肚宜选用肚头部位。

制作工艺

刀工

1. 将蒜、香菜切成末。
2. 将熟肚头刮净油，顺刀片成大片，再切成细丝，放开水内汆透，取出控净水。

烹调

锅内加入花生油烧热，放入蒜末煸炒成黄色出香味时，加入食盐煸炒几下，烹入料酒，加入清汤，放入肚丝，加食盐、味精烧开，撇去浮沫，加湿淀粉勾成米汤芡，放入胡椒粉搅匀，撒上香菜末，淋上香油、鸡油，出锅装入汤碗内即可。

制作要求

1. 肚丝粗细要均匀。
2. 焯水时要去净油污。
3. 掌握好芡汁的浓度。

特点 黄中透白、咸鲜微辣、肉质软滑、蒜香浓郁。

烩乌鱼蛋

原料

主料：腌渍乌鱼蛋300克。

配料：姜10克、葱5克、香菜梗10克。

调料：食盐2克、味精2克、清汤750克、料酒10克、酱油5克、湿淀粉30克、醋20克、白胡椒粉2克、鸡油15克。

选料要求

1. 乌鱼蛋应新鲜，无异味。
2. 香菜梗宜选用嫩梗。

制作工艺

刀工

1. 将5克姜切成姜丝，加少量清汤泡成姜汁；5克姜切片，葱切段；香菜梗切成0.2厘米大小的末。
2. 将腌渍乌鱼蛋用水洗净，择去外皮，用温水洗净，上锅煮5分钟，用冷水过净，撕成单片，放入开水中烫一下，放入碗内加清汤、姜片、葱段上笼蒸透。

烹调

1. 净锅置火上，加清汤烧开，放入乌鱼蛋氽透，捞出控净水。

2. 净锅置火上，加清汤、乌鱼片、酱油、食盐、味精、料酒、姜汁、醋烧开，撇去浮沫，用湿淀粉勾芡，撒上白胡椒粉，淋上鸡油，装入汤碗内即成，食用时加香菜末。

制作要求
1. 乌鱼蛋要泡发透。
2. 掌握好蒸制时间。
3. 掌握好勾芡浓度。

特点 色泽淡黄、质感滑嫩、咸鲜略带酸辣。

鸡蓉蹄筋

原料

主料：水发蹄筋150克。

配料：鸡里脊肉100克、猪肥肉50克、葱15克、姜10克、木耳10克、油菜20克。

调料：食盐5克、味精3克、料酒10克、清汤250克、鸡蛋清50克、湿淀粉25克、熟猪油25克、香油3克、鸡油10克。

选料要求

1. 鸡肉应新鲜，无异味。
2. 蹄筋要发透，漂净碱味。

制作工艺

刀工

1. 葱、姜各5克切成丝，用少量清汤泡成葱姜汁；其余切成葱段、姜片。木耳和油菜进行改刀处理。
2. 将鸡肉、猪肥肉剁成细泥，加清汤、葱姜汁、料酒、食盐、味精、鸡蛋清、香油搅成鸡蓉料子。
3. 将蹄筋片成4厘米长、1厘米厚的片，焯水后，捞出控净水，然后用清汤、食盐、料酒、味精略煨，捞出控净水。

烹调

1. 锅内加入水烧至70～80℃，将蹄筋挂匀鸡蓉料子，放入水中氽熟捞出。

2. 锅内加熟猪油，用葱段、姜片爆锅，加木耳、油菜、料酒、清汤、食盐、味精烧开略煮，拣出葱、姜，加入鸡蓉蹄筋，用湿淀粉勾成熘芡，淋上鸡油盛入盘内即可。

制作要求

1. 鸡蓉要剁细去筋膜。
2. 打鸡蓉料子要顺着一个方向搅拌。
3. 余制时水温不要太高。

特点 色白如玉、咸鲜适口、口感筋道。

原料

主料：海肠500克。

配料：韭菜100克。

调料：食盐3克、味精2克、料酒10克、香油3克、花生油750克（约耗50克）、酱油5克。

选料要求

1. 海肠应新鲜，无异味。
2. 韭菜宜选用长脖韭菜。

制作工艺

刀工

1. 将海肠切去两头，刮净内脏，洗净，切成4厘米长的段。
2. 将韭菜切成3厘米长的段。

烹调

1. 锅内加油烧至240℃，将洗净的海肠放入一冲，马上捞出将油控净。
2. 另起锅，加入25克花生油烧热，将韭菜、食盐、味精、料酒、酱油下锅略炒，加入海肠翻炒均匀，淋上香油即可。

| 制作要求 | 1. 冲油时掌握好火候。
2. 炒制时要旺火快炒。 |

特点　清鲜爽口、咸鲜味足、口感爽脆。

爞大虾

原料

主料：大对虾10只（约500克）。

配料：葱15克、姜15克。

调料：绵白糖50克、食盐3克、味精2克、清汤150克、花生油25克、料酒10克。

选料要求

1. 对虾应新鲜，无异味。
2. 对虾宜选用渤海湾的大春虾。

制作工艺

刀工

1. 将对虾的虾须、虾枪、虾腿、虾线去掉。
2. 将葱、姜切成0.3厘米粗的丝。

烹调

锅内加入花生油烧热，用葱姜丝爆锅，加料酒、清汤、食盐、绵白糖烧开，将虾倒入锅内，用慢火煨爞，待汁浓稠时，加入味精，盛出装盘即可。

制作要求

1. 燀制时要使用中小火。
2. 要不断地晃锅,以免糊锅。
3. 装盘时,要逐个拣出,余汁浇在虾上。

特点 色泽红润、咸鲜微甜、皮酥肉嫩。

辣子鸡

原料

主料：净小公鸡250克。

配料：鲜青红辣椒100克、葱10克、蒜5克、姜5克、水发木耳15克、竹笋15克。

调料：食盐3克、味精2克、清汤100克、料酒10克、酱油20克、醋5克、鸡蛋黄25克、湿淀粉75克、面粉15克、花生油750克（约耗50克）、香油2克。

选料要求

1. 鸡应新鲜，无异味。
2. 鸡宜选用当年的小公鸡。

制作工艺

刀工

1. 将鸡剁成1.5厘米见方的小块，用酱油、料酒腌渍入味，用湿淀粉、鸡蛋黄、面粉调成浓糊。
2. 将葱切成2厘米长的指段葱；蒜切成片；姜切成小姜片；木耳择成小朵；竹笋切成3厘米长、1.5厘米宽、0.2厘米厚的片；鲜青红辣椒切成边长2厘米的象眼块。

烹调

1. 锅内加入花生油，烧至220℃，将腌渍入味的鸡块，放入糊中抓匀，逐块放入油中炸熟，呈金黄色，捞出将油控净。
2. 用清汤、酱油、食盐、味精、湿淀粉兑成汁水。
3. 锅内加底油，用葱、蒜、姜爆锅，加醋、料酒一烹，放入辣椒、木耳、竹笋片略炒，将兑好的汁水倒入锅内，勾成浓熘芡，再把炸好的鸡块下锅翻匀，淋上香油盛出即可。

制作要求
1. 掌握好糊的浓度。
2. 掌握好炸制时的油温和火力。
3. 炸好后要快速制作完成。

特点 色泽金黄、辣中带香、香中带脆。

爆炒腰花

原料

主料：猪腰子300克。

配料：葱10克、蒜5克、水发木耳10克、竹笋10克、香菜5克。

调料：食盐1克、胡椒粉2克、味精2克、酱油10克、醋5克、料酒10克、湿淀粉10克、清汤10克、花生油750克（约耗50克）、香油2克。

选料要求

1. 猪腰子应新鲜，无异味。
2. 猪腰子勿用水泡。

制作工艺

刀工

1. 将猪腰子去脂皮，片成两片，去腰臊子，剞麦穗花刀，用酱油、料酒腌渍入味。
2. 将葱切成丝；蒜切成片；香菜切成段；水发木耳择成小朵；竹笋切成片。

烹调

1. 用清汤、酱油、食盐、味精、湿淀粉、香油、香菜兑成爆炙碗汁。
2. 锅内加油烧至160℃，将腌渍入味的腰花，放入油中冲至嫩熟，捞出将油控净。
3. 另起锅，加入25克花生油烧热，用葱、蒜、胡椒粉爆锅，烹入醋、料酒，将木耳、竹笋、腰花倒入锅内翻炒，再倒入爆荚碗汁翻炒均匀出锅即可。

制作要求
1. 腰花要刀距均匀，掌握好斜刀和直刀的深度。
2. 掌握好冲油时的油温和火力。
3. 兑碗汁时应掌握好碗汁的浓度。

特点 色泽红润、碗汁紧裹原料、口味咸鲜、肉质脆嫩。

清蒸加吉鱼

原料

主料：加吉鱼1条（约750克）。

配料：葱15克、姜15克、竹笋10克、冬菇10克、香菜10克、肥肉20克。

调料：食盐8克、味精2克、料酒10克、醋5克、花椒3克、大料2克、清汤25克、鸡油3克。

选料要求

1. 加吉鱼应新鲜，无异味。
2. 宜选用红鳞加吉鱼。

制作工艺

刀工

1. 将加吉鱼去净内脏、鱼鳞、鳃洗净，剞柳叶花刀，加食盐、料酒、醋略腌焯水，捞出将水控净。
2. 将葱、姜、竹笋、冬菇、肥肉分别切成0.2厘米粗的丝，肥肉丝用开水一焯，香菜切成3厘米长的段。

烹调

1. 锅内加入水烧开，将鱼放在盘内，撒上食盐、味精、料酒、醋，摆上肥肉丝、竹笋丝、冬菇丝、葱姜丝、花椒、大料上屉蒸8分钟，取出去掉花椒、大料。

2. 将蒸鱼原汁和清汤烧开,撇去浮沫,加食盐、味精、料酒调味,撒入香菜段,淋上鸡油,浇在鱼上即可。

制作要求
1. 掌握好蒸鱼的火力和时间。
2. 蒸鱼原汁二次调味后要浇匀。

特点 原汁原味、香味浓郁、细嫩爽口、久食不腻。

全家福

原料

主料：水发海参200克、油发鱼肚100克、油发蹄筋100克、熟猪肚50克、净鱼肉100克、熟猪肘肉50克、黄蛋糕100克、虾仁100克、鱿鱼100克。

配料：竹笋25克、水发木耳15克、葱15克、蒜5克、姜5克。

调料：食盐8克、味精5克、料酒20克、面粉25克、湿淀粉75克、酱油50克、鸡蛋50克、清汤750克、花生油750克（约耗50克）、香油5克。

选料要求

1. 各种原料应新鲜，无异味。
2. 干货原料要发透。

制作工艺

刀工

1. 将水发海参片成长条片；鱼肚切成4厘米长、2厘米宽的长条；蹄筋切成4厘米长的段；熟猪肚片成3厘米长的抹刀片；鱼肉切成4厘米长、1厘米粗的条，用食盐、料酒、味精腌渍入味；熟猪肘肉切成4厘米长、2厘米宽、0.4厘米厚的片；黄蛋糕切成4厘米长、2厘米宽、0.3厘米厚的片；虾仁用食盐、味精、料酒腌渍入味；鱿鱼剞麦穗花刀，改成5厘米长、2.5厘米宽的条；用鸡蛋、面粉、湿淀粉调成浓糊。
2. 将竹笋切成3厘米长、1.5厘米宽、0.2厘米厚的片；水发木耳择成小朵；葱切成2厘米长的指段葱；蒜切成片；姜切成小姜片。

烹调

1. 锅内加入花生油，烧至220℃，将鱼条和虾仁分别挂糊，放入油中炸熟，呈金黄色，捞出将油控净。
2. 另起锅，加入水烧开，分别将海参、鱼肚、蹄筋、熟猪肚、熟猪肘肉、黄蛋糕、鱿鱼、竹笋、木耳焯水。
3. 锅内加入清汤、食盐、味精、料酒、酱油烧开，将海参放入煨10分钟，另起锅加清汤、食盐、味精、料酒烧开，将鱼肚、蹄筋煨透捞出控净水。
4. 锅内加底油烧热，用葱、姜、蒜、竹笋爆锅，烹入料酒，加清汤、食盐、味精、酱油烧开，加入除海参、黄蛋糕、鱼肚以外的所有原料，煨透，用湿淀粉勾成浓熘芡，盛入汤盘内。
5. 另起锅，加清汤、食盐、味精、料酒、酱油烧开，加入海参、鱼肚、黄蛋糕煨透，用湿淀粉勾成浓熘芡，淋上香油，盛在其他菜品上面即成。

制作要求

1. 各种原料要切得大小一致。
2. 焯水时要分别焯水。
3. 烧制时要掌握好火力和时间。

特点 原料丰富、汤鲜味美、寓意美好。

肉丝蜇皮

原料

主料：鸡脯肉150克、水发海蜇皮150克。

配料：葱15克、姜10克、香菜梗25克。

调料：食盐3克、味精2克、花椒油10克、料酒10克、胡椒粉3克、白醋10克、清汤25克、湿淀粉15克、鸡蛋清15克、花生油750克（约耗50克）。

选料要求

1. 鸡脯肉应新鲜，无异味。
2. 宜选用壁厚的水发海蜇皮。

制作工艺

刀工

1. 将鸡脯肉切成0.2厘米粗的丝，放入碗内，加食盐、味精、料酒、鸡蛋清、湿淀粉上浆。
2. 将海蜇皮切成细丝，用开水一烫，过凉，捞出控净水；葱、姜分别切成0.2厘米粗的丝；香菜梗切成3厘米长的段。

烹调

1. 用清汤、食盐、味精、胡椒粉、花椒油兑成汁水。
2. 锅内加花生油烧至150℃，将上好浆的鸡丝，放入油中滑至嫩熟，捞出控净油。

3. 锅内加底油烧热后,用葱姜丝爆锅,加鸡丝、海蜇皮丝、香菜段翻炒,烹入白醋,倒入汁水翻炒,盛入盘内即可。

制作要求
1. 鸡丝要切得粗细均匀,上浆适度。
2. 掌握好滑油时的油温和时间。
3. 炒制时间不宜过长。

特点 色泽亮丽、滑嫩筋道、清脆爽口。

烧蛎黄

原料

主料：海蛎子肉300克。

配料：葱15克、姜10克。

调料：食盐5克、鸡蛋25克、面粉20克、淀粉60克、花生油750克（约耗50克）、花椒盐5克。

选料要求

1. 海蛎子肉应新鲜，无异味。
2. 鸡蛋应新鲜。

制作工艺

刀工

1. 将葱、姜切成丝，用清汤泡成葱姜汁。
2. 将海蛎子肉拣净蛎壳，洗净。

烹调

1. 锅内加入清水烧开，将海蛎子肉放开水中一焯，捞出将水控净，加葱姜汁、食盐抓匀。
2. 用鸡蛋、面粉、淀粉调成浓糊。
3. 锅内加入花生油，烧至240℃，将海蛎子肉挂匀糊，放入热油中炸熟，呈金黄色，捞出将油控净，盛在盘内即可。外带花椒盐上桌。

制作要求

1. 海蛎子肉焯水时要掌握好时间和火力。
2. 糊应调的浓些。
3. 掌握好炸制时的油温和时间。

特点 色泽金黄、口味咸鲜、外酥里嫩。

烧熘鱼条

原料

主料：鱼肉250克。

配料：葱15克、蒜10克、水发木耳15克、竹笋15克、青菜15克。

调料：食盐5克、味精2克、料酒10克、酱油15克、清汤100克、醋5克、湿淀粉30克、面粉10克、鸡蛋黄15克、花生油750克（约耗50克）、香油2克。

选料要求

1. 鸡蛋应新鲜，无散黄现象。
2. 鱼肉应新鲜，无异味。

制作工艺

刀工

1. 将鱼肉切成1.5厘米粗、4厘米长的条，用食盐、料酒、醋、味精腌渍入味。
2. 将葱切成2厘米长的指段葱，蒜切成片，竹笋切成0.2厘米厚、1厘米宽、3厘米长的片，木耳撕成小朵，青菜片成抹刀片。

烹调

1. 用鸡蛋黄、湿淀粉、面粉调成浓糊。

2. 锅内加油烧至240℃，将鱼条挂匀糊，放入油中炸熟，呈金黄色，外焦里嫩，捞出将油控净。
3. 锅内加底油，烧至150℃，加葱、蒜、竹笋片、木耳、青菜爆锅，烹入料酒，再加上清汤、酱油、味精，湿淀粉勾成浓熘芡，将炸好的鱼条倒入翻匀，淋上香油，盛出即可。

制作要求

1. 鱼条切得要长短粗细一致。
2. 掌握好糊的浓度，炸制时的油温和火力。
3. 掌握好芡的浓度。

特点 色泽金黄、口味咸鲜、外焦里嫩。

酥白肉

原料

主料：猪肥肉膘100克。

调料：绵白糖150克、水50克、鸡蛋黄100克、干淀粉50克、花生油1000克（约耗15克）。

选料要求

1. 鸡蛋应新鲜，无散黄现象。
2. 猪肥肉膘应当选用油脂厚、无表皮和内膜部位。

制作工艺

刀工

将猪肥肉膘切成3厘米长、1厘米宽、0.3厘米厚的片，逐片拍上干淀粉。

烹调

1. 用鸡蛋黄、干淀粉调成浓糊。
2. 锅内加入花生油，烧至160℃时，将肉片沾上糊，放入油中用慢火炸酥，呈金黄色，捞出将油控净。
3. 净锅，清水下锅，加绵白糖炒化，待锅内水分蒸发完，糖泡汁抹均匀时，放入炸好的肉，翻匀至糖凉发白出霜，盛出即可。

制作要求
1. 肉片要切得厚薄均匀。
2. 掌握好挂糊的浓度。
3. 炸制时要慢火,把肉中的油脂炸出来。

特点 色泽美观、外酥内绵、甜香软嫩。

第三章　烟台名菜

糖醋黄花鱼

原料

主料：黄花鱼1条（约500克）。

配料：葱10克、姜5克、蒜10克。

调料：绵白糖75克、醋125克、酱油15克、食盐5克、料酒10克、清汤250克、鸡蛋50克、湿淀粉25克、面粉15克、花生油750克（约耗100克）。

选料要求

1. 黄花鱼应新鲜，无异味。
2. 宜选用渤海湾出产的野生黄花鱼。

制作工艺

刀工

1. 将黄花鱼去净内脏、鳞、鳃洗净，剞牡丹花刀，用食盐、料酒腌渍入味，用鸡蛋、面粉、湿淀粉调成浓糊，加入少量油搅匀。
2. 将葱、姜、蒜分别切成0.2厘米见方的米。

烹调

1. 锅内加入花生油，烧至220℃，将鱼挂糊，放入热油中炸定型，至熟透，捞出将油控净。
2. 另起锅，加入30克花生油烧热，用葱姜蒜米爆锅，加酱油、清汤、绵白糖、醋烧开，用湿淀粉勾成浓熘芡，打入少量热油，然后浇在鱼上即可。

| 制作要求 | 1. 掌握好牡丹花刀的刀距。
2. 掌握好糊的浓度。
3. 掌握好炸制时的油温、火力和时间。 |

特点 色泽金黄、汤汁醇厚、外焦里嫩、酸甜适口。

樱桃肉

原料

主料：猪五花三层肉200克。

配料：葱10克、姜5克、蒜10克。

调料：绵白糖75克、醋25克、湿淀粉50克、面粉15克、鸡蛋黄15克、花生油750克（约耗50克）、清汤100克、酱油10克、盐1克。

选料要求

1. 猪五花肉应新鲜，无异味。
2. 猪五花肉宜选用上五花三层肉。

制作工艺

刀工

1. 将肉切成1厘米厚的大片，剞上多十字花刀，再切成1厘米见方的丁，用盐腌渍入味。
2. 将葱、姜、蒜切成米。

烹调

1. 将鸡蛋黄、湿淀粉、面粉调成浓糊，加少许油调匀。
2. 锅内加入花生油，烧至220℃，将肉丁放入糊中抓匀，放入油中炸熟，呈金黄色，外焦脆，捞出将油控净。
3. 锅内加底油，用葱、姜、蒜米爆锅，加酱油、清汤、绵白糖、醋烧开，用湿淀粉勾成浓熘芡，将炸好的肉丁倒入锅内翻匀，盛出即可。

制作要求

1. 肉丁要大小均匀，剞多十字花刀，花刀的深度要达到三分之一。
2. 掌握好炸制时的油温和火力，要二次复炸。
3. 掌握好芡汁的浓度。

特点 色泽樱红、光亮悦目、酥烂肥美。

油爆海螺

原料

主料：海螺肉300克。

配料：葱15克、姜10克、竹笋25克、蒜10克。

调料：食盐5克、味精2克、清汤100克、湿淀粉25克、料酒10克、花生油750克（约耗50克）、香油3克。

选料要求

1. 海螺应新鲜，无异味。
2. 海螺宜选用香螺。

制作工艺

刀工

1. 将海螺肉片成0.1厘米厚的大片。
2. 将葱切成2厘米长的指段葱，蒜切成0.2厘米厚的片，姜切成小象眼片，竹笋切成2厘米厚的象眼片。

烹调

1. 用清汤、食盐、味精、湿淀粉兑成汁水。
2. 锅内加油烧至240℃，将海螺片放入冲熟，捞出将油控净。
3. 锅内加底油25克烧热，用葱、蒜、姜、竹笋爆锅，烹入料酒，再将海螺片、汁水一并下锅勾成包芡，淋上香油盛出即可。

制作要求

1. 海螺肉要片得厚薄均匀。
2. 掌握好冲油时的火力和时间。
3. 掌握好芡汁的浓度。

特点 色泽白亮、口味咸鲜、质感脆嫩。

原料

主料：乌鱼肉300克。

配料：葱15克、蒜10克、竹笋25克。

调料：食盐5克、味精2克、清汤30克、湿淀粉20克、花生油750克（约耗50克）、料酒10克、醋5克、香油2克。

选料要求

1. 乌鱼应新鲜，无异味。
2. 竹笋宜选用冬笋。

制作工艺

刀工

1. 将乌鱼肉剞成麦穗花刀，切成4厘米长、2厘米宽的长条。
2. 将葱切成2厘米长的指段葱，蒜切成蒜片，竹笋切成边长2厘米的象眼片。

烹调

1. 锅内加入水烧至60℃，将乌鱼花放入冲洗一下，捞出将水控净。
2. 另起锅，加入花生油烧至250℃，将乌鱼花放入冲熟，捞出将油控净。

3. 用清汤、食盐、味精、湿淀粉兑成汁水。
4. 锅内加25克花生油烧热,用葱蒜爆锅,烹入料酒和醋,再将乌鱼花、汁水一并下锅勾成包芡,淋上香油盛出即可。

制作要求
1. 掌握好剞麦穗花刀的角度和深度。
2. 掌握好冲油时的油温和时间。
3. 掌握好汁水的浓度。

特点 色泽洁白、清淡脆嫩、咸香味美、亮油包汁。

糟熘鱼片

原料

主料：牙片鱼肉300克。

配料：葱15克、蒜15克、水发木耳15克、青菜20克。

调料：香糟酒50克、食盐3克、味精2克、白糖5克、湿淀粉30克、花生油750克（约耗50克）、鸡蛋清15克、清汤150克、香油2克。

选料要求

1. 鱼肉应新鲜，无异味。
2. 香糟酒应糟香浓郁。

制作工艺

刀工

1. 将鱼肉片成0.3厘米厚、3厘米宽、5厘米长的片，用食盐、鸡蛋清、湿淀粉上浆。
2. 将葱切成1厘米长的豆瓣葱，蒜切成片，木耳撕成小朵，青菜片成抹刀片。

烹调

1. 锅内倒入花生油，烧至150℃，将上好浆的鱼片放入滑熟，捞出将油控净。

2. 另起锅,加入30克花生油烧至150℃,加葱、蒜爆锅,再加香糟酒、清汤、木耳、食盐、味精、白糖、青菜烧开,用湿淀粉勾成熘芡,将鱼片倒入锅内翻匀,淋上香油,盛出即可。

制作要求
1. 鱼肉要片得厚薄均匀,上浆要适度。
2. 掌握好滑油的油温和时间。
3. 掌握好芡汁的浓度。

特点 色泽白亮、肉质滑嫩、鲜中带甜、糟香四溢。

炸烹虾段

原料

主料：大虾400克。

配料：葱10克、姜5克、香菜梗10克。

调料：食盐3克、味精2克、生粉25克、醋10克、料酒10克、清汤15克、花生油750克（约耗50克）、香油2克。

选料要求

1. 大虾应新鲜，无异味。
2. 大虾宜选用渤海湾捕捞的大对虾。

制作工艺

刀工

1. 将大虾去掉虾腿、虾须、虾线、虾枪、沙袋，切成3.5厘米长的段，用食盐、味精、料酒腌渍入味。
2. 将葱、姜分别切成0.2厘米粗的丝，香菜梗切成3厘米长的段。

烹调

1. 锅内加入花生油，烧至200℃热，将虾段逐块在刀口两面粘上生粉，放入油中炸熟，呈金黄色，捞出将油控净。
2. 用清汤、食盐、味精、醋、香菜梗段、香油兑成汁水。

3. 另起锅，加入25克花生油，用葱、姜丝爆锅，加入炸好的虾段，烹入兑好的汁水，快速翻炒均匀，装盘即可。

制作要求
1. 虾段入味要均匀。
2. 掌握好炸制时的油温和火力。
3. 烹汁水要快速。

特点 色泽金黄、外皮焦脆、肉质滑嫩、咸鲜微甜、回味微酸。

原料

主料：猪肥瘦肉各250克。

配料：水发海米25克、鹿角菜5克、大白菜心50克、葱25克、姜25克、香菜10克。

调料：食盐5克、味精2克、鸡蛋100克、胡椒粉1克、醋20克、鸡汤300克、香油5克。

选料要求

1. 猪肉应新鲜，无异味。
2. 猪肥肉宜选用油脂厚部位。

制作工艺

刀工

1. 将猪瘦肉剁成泥，放入碗内，加鸡蛋液搅匀。
2. 将猪肥肉片成0.6厘米厚的片，剞上多十字花刀，切成0.6厘米见方的丁。海米、白菜心、鹿角菜、香菜（5克）、葱（15克）、姜皆切成末。其余的香菜切成2厘米长的段，葱切成0.2厘米粗的丝。
3. 将猪瘦肉、肥肉丁、海米末、鹿角菜末、香菜末、葱姜末、白菜心末、胡椒粉（0.5克）放入盆内搅匀，做成直径3厘米的丸子，平摆在盘内。

烹调

1. 蒸锅上火,放入丸子,蒸8分钟,取出放入大汤碗内。
2. 净锅置火上,加鸡汤、葱丝、香菜段、食盐、味精烧开,倒入大汤碗内,撒上胡椒粉(0.5克),浇上醋,淋上香油即成。

制作要求
1. 肥肉一定要切成丁。
2. 掌握好蒸制的时间和火力。

特点 原料多样、汤鲜味美、暄软鲜嫩、肥而不腻。

葱烧蹄筋

原料

主料：水发蹄筋500克。

配料：黄葱150克。

调料：绵白糖15克、酱油30克、料酒5克、清汤500克、湿淀粉10克、花生油25克。

选料要求

1. 蹄筋应新鲜，无异味。
2. 宜选用春节前后长出黄芽的葱。

制作工艺

刀工

1. 将蹄筋切成5厘米长的条。
2. 将黄葱洗净切成6厘米长的段。

烹调

1. 锅内加入水烧开，将蹄筋放开水中余透，捞出将水控净。
2. 另起锅，加入25克花生油，烧至220℃，放入黄葱，炸至断生捞出放在碗内，加酱油（5克）及料酒上笼蒸烂后，盛在盘子一边。
3. 净锅置火上加炸葱的油，加绵白糖炒至呈血红色时，随即放入蹄筋煸炒至上色后，加酱油（15克）、清汤（150克）用微火烧至汤汁将干，盛入黄葱盘的另一边。
4. 净锅置火上加剩余清汤烧开，加酱油（10克），用湿淀粉勾成浓熘芡，浇在黄葱和蹄筋上即成。

制作要求
1. 蹄筋应煮透。
2. 烧蹄筋时要掌握好火候。
3. 蹄筋和葱不要一起烧，以免葱烧烂、散。

特点 色泽红润、爽口润滑、芳香绵柔。

雪花海胆羹

原料

主料：海胆黄150克。

配料：葱10克、姜5克、香菜10克。

调料：食盐3克、味精2克、料酒10克、清汤500克、鸡蛋清50克、湿淀粉15克、胡椒粉2克、味极鲜酱油5克、香油3克。

选料要求

1．海胆黄应新鲜，无异味。
2．宜选用罐装的海胆黄。

制作工艺

刀工

1．将葱姜切成米，香菜切成末。
2．将鸡蛋清打在碗内，用筷子搅散。

烹调

锅内加入清汤、食盐、味精、料酒、葱姜米、味极鲜酱油烧开，撇去浮沫，用湿淀粉勾成米汤芡，将鸡蛋清淋入锅内，成雪花状，加入海胆黄、胡椒粉、香菜末，淋上香油，盛在碗内即可。

| 制作要求 | 1. 勾芡时锅内汤不要太沸。
2. 淋鸡蛋清时，要细细地流入锅内。 |

特点 色泽亮丽、水嫩滑爽、鲜香味美。

第三章 烟台名菜

原料

主料：鸡里脊肉50克。

配料：鸡蛋清100克、葱15克、姜15克、油菜15克。

调料：食盐3克、味精2克、料酒10克、清汤500克、湿淀粉30克、熟猪油1000克（约耗75克）、鸡油5克。

选料要求

1. 鸡肉应新鲜，无异味。
2. 宜选用鸡里脊肉。

制作工艺

刀工

1. 将葱、姜各5克切成丝，用清汤泡成葱姜汁，其余切成葱段、姜片；油菜改刀处理。
2. 将鸡里脊肉剁成细泥，用鸡蛋清、清汤、葱姜汁、料酒、食盐、湿淀粉搅匀。

烹调

1. 锅内加入熟猪油，烧至160℃时，将搅好的鸡料子，用小勺舀入油中，吊成大片，捞出将油控净，用开水漂净油腻。

2. 锅内加底油，用葱段、姜片爆锅，加料酒、清汤、食盐、味精烧开，略煮，拣出葱姜，加入油菜，用湿淀粉勾成熘芡，放入吊好的鸡片，淋上鸡油翻匀，盛在盘内即可。

制作要求
1. 鸡蓉剁得越细越好。
2. 掌握好鸡料子的调制浓度。
3. 吊鸡片时掌握好油温和火力。

特点 色泽洁白、质地鲜嫩、汤汁透明、清香利口。

酱爆鸡丁

原料

主料：鸡肉300克。

配料：葱15克、蒜10克、竹笋25克。

调料：食盐1克、味精2克、甜面酱25克、湿淀粉25克、料酒10克、清汤25克、鸡蛋清15克、花生油750克（约耗50克）、香油2克。

选料要求

1. 鸡肉应新鲜，无异味。
2. 宜选用鸡脯肉。

制作工艺

刀工

1. 将鸡肉切成1厘米见方的丁，用食盐、料酒、鸡蛋清、湿淀粉上浆。
2. 将葱切成2厘米长的指段葱，蒜切成片，竹笋切成1厘米见方的丁。

烹调

1. 用清汤、食盐、味精、湿淀粉兑成汁水。
2. 锅内加油，烧至150℃，将腌渍入味的鸡丁，放入油中滑至嫩熟，捞出控净油。
3. 锅内加底油，将甜面酱下锅煸炒，等炒至发散、出酱香味时，加葱、蒜、竹笋略炒，再将鸡丁、汁水一并下锅勾成包芡，淋上香油翻匀，盛出即可。

制作要求

1. 鸡丁上浆要适度。
2. 掌握好滑油时的油温和时间。
3. 掌握好兑汁的浓度。

特点 色泽红润、酱香味浓、咸中带甜、口感嫩滑。

鸡里爆

原料

主料：鸡脯肉100克、生猪肚头150克。

配料：葱15克、蒜10克。

调料：食盐3克、味精2克、料酒10克、湿淀粉50克、清汤25克、鸡蛋清25克、花生油750克（约耗50克）、香油2克。

选料要求

1. 鸡肉应新鲜，无异味。
2. 宜选用壁厚的生猪肚头。

制作工艺

刀工

1. 将鸡肉切成1厘米见方的丁，用食盐、料酒、鸡蛋清、湿淀粉上浆。生猪肚头去掉外皮，剞上蓑衣花刀，切成1.5厘米的方丁。
2. 将葱切成2厘米长的指段葱，蒜切成片。

烹调

1. 用清汤、食盐、味精、湿淀粉兑成汁水。
2. 锅内加入花生油，烧至150℃，放入上好浆的鸡丁滑熟，捞出将油控净。猪肚头用开水一焯，再放入250℃的热油中冲熟，捞出控净油。

3. 锅内加底油,用葱蒜爆锅,烹入料酒,将鸡肉丁、猪肚头丁和汁水一并倒入锅内,翻炒勾成包芡,淋上香油盛出即可。

制作要求

1. 鸡丁要切得大小均匀。
2. 猪肚头丁要用碱抓一下,然后用清水冲净碱味。
3. 掌握好猪肚头冲油的火候。

特点 色泽洁白、肉质细嫩、滋味鲜美。

芫爆蛏子

原料

主料：鲜活蛏子500克。

配料：香菜梗30克。

调料：花椒皮5克、葱姜丝10克、食盐5克、味精2克、清汤100克、香油2克。

选料要求

1. 蛏子应鲜活，无异味。
2. 蛏子应煮至嫩熟。

制作工艺

刀工

将香菜梗切段。

烹调

1. 将鲜活蛏子洗净，开水下锅，煮至嫩熟，取蛏子肉并用煮蛏子的原汤清洗干净备用。
2. 锅内加入清汤、葱姜丝、食盐、味精、花椒皮烧开，拣去花椒皮，将蛏子和香菜段倒入重新烧开，淋香油盛汤盘中即成。

制作要求
1. 用煮蛏子的原汤洗净蛏子肉中残留的泥沙及碎壳。
2. 煮蛏子肉的火候要适中。

特点 质地鲜嫩、清淡典雅、鲜嫩爽口。

爆金银鱼丁

原料

主料：牙片鱼肉300克。

配料：葱15克、蒜10克。

调料：青豆10克、食盐3克、味精2克、料酒10克、湿淀粉50克、清汤25克、鸡蛋25克、花生油750克（约耗50克）、明油5克。

选料要求

1．鱼肉应新鲜，无异味。
2．鱼丁应切得大小一致。

制作工艺

刀工

1．将鱼肉切成1.5厘米见方的丁，分成两份，一份用食盐、料酒、蛋清、湿淀粉上浆；另一份用食盐、料酒、蛋黄、湿淀粉调成蛋黄糊。
2．将葱切成2厘米长的指段葱，蒜切成片。

烹调

1．用清汤、食盐、味精、湿淀粉兑成汁水。
2．锅内倒入花生油，烧至150℃时，放入上浆的鱼丁滑熟，成银色鱼丁时捞出将油控净。

3. 待油温烧至180℃时,将挂蛋黄糊的鱼丁放入油中,滑炸至熟成金色鱼丁捞出控净油。
4. 锅内加底油,用葱、蒜爆锅,烹入料酒,将两份鱼丁、青豆和汁水一并倒入锅内,翻炒勾成包芡,淋上明油盛出即可。

制作要求

1. 鱼丁一份上浆,一份挂糊。上浆和挂糊都要均匀。
2. 掌握滑油、滑炸的油温。
3. 鱼丁较嫩,翻炒时动作要轻,以免将鱼丁翻碎。

特点 黄白相宜、色彩明快、质纯味正。

绣球干贝

原料

主料：牙片鱼肉200克。

配料：干贝松50克。

调料：食盐3克、味精2克、料酒5克、葱姜油15克、湿淀粉10克、清汤15克、鸡蛋清10克、樱桃25克、明油5克。

选料要求

1. 鱼肉应新鲜，无异味。
2. 宜选用均匀一致的干贝松。

制作工艺

刀工

将鱼肉剁成细蓉，加食盐、味精、料酒、湿淀粉、葱姜油、清汤调成馅，挤成丸子。

烹调

1. 将鱼丸裹上鸡蛋清，粘匀干贝松，做成绣球干贝，蒸熟装盘，点缀上樱桃。
2. 锅内加入葱姜油，再加入清汤、食盐、味精、料酒、湿淀粉勾成白汁芡，淋上明油，浇在绣球干贝上即成。

| 制作要求 | 1. 调馅要朝一个方向搅，并将馅搅上劲。
2. 绣球干贝蒸至嫩熟。
3. 调好白汁芡的浓稠度。 |

特点 黄里透白、软嫩鲜香、形似绣球。

菠菜拌蛤肉

原料

主料：毛蛤200克。

配料：菠菜250克。

调料：食盐5克、味精2克、芥末油5克、香油2克、米醋10克。

选料要求

1. 毛蛤应新鲜，无泥沙。
2. 宜选用新鲜、质嫩的菠菜。

制作工艺

刀工

1. 将毛蛤洗净泥沙。
2. 将菠菜择去老叶、黄叶，清洗干净，切成3厘米长的段。

烹调

1. 锅内加入清水、食盐烧开，放入毛蛤，煮至开口，捞出，去壳取肉，用原汤清洗净泥沙；另起锅，加水烧开，将菠菜焯水至断生，捞出，用冷水过凉，捞出挤净水。
2. 将菠菜、毛蛤肉放入盆内，加食盐、味精、芥末油、米醋、香油，拌匀后装入盘内即可。

制作要求

1. 毛蛤煮时掌握好火力和时间。
2. 菠菜焯水要火旺，水开。
3. 拌制时，芥末油要在调好口味后再放入。

特点 黄绿相间、味鲜爽口、质感脆嫩。

原料

主料：水发海参500克。

配料：生鸡脯肉150克、水发海米5克、香菜梗15克、葱10克、鸡蛋皮25克（鸡蛋液制成的皮）。

调料：鸡蛋清25克、料酒25克、醋25克、酱油适量、食盐2.5克、味精2.5克、湿淀粉15克、胡椒粉1克、香油15克、清汤1000克。

选料要求

1. 海参应新鲜，发透。
2. 宜选用新鲜、无筋膜的生鸡脯肉。

制作工艺

刀工

1. 将海参片成抹刀薄片，生鸡脯肉片成0.2厘米厚的片。
2. 将鸡蛋皮切成象眼片，香菜梗切成2.5厘米长的段，葱切成0.2厘米粗的丝。

烹调

1. 将鸡脯肉片放入碗内，加入5克料酒、1克食盐、1克味精、25克鸡蛋清、湿淀粉上浆。
2. 净锅置火上，加入400克清汤烧开，先放入海参汆一下捞出，再放入鸡片汆一下捞出，均放入大汤碗内，撒上葱丝、香菜段、鸡蛋皮片。

3. 汤锅再加入600克清汤，加热，放20克料酒、1.5克食盐、1.5克味精、酱油、海米烧开，撇去浮沫，加醋、胡椒粉调味，淋上香油，冲入放有海参、鸡片的汤碗内即可。

制作要求
1. 海参片成薄片。
2. 鸡肉顶丝片薄片，上浆要匀，焯水时，水要开。
3. 二次烧汤时，汤要清。

特点 汤清味浓、咸鲜酸辣、爽滑入味。

油爆双花

原料

主料：乌鱼肉150克、猪腰子200克。

配料：葱15克、蒜15克、竹笋15克。

调料：食盐3克、味精2克、清汤50克、湿淀粉25克、花生油750克（约耗50克）、醋10克、料酒10克、香油2克。

选料要求

1. 乌鱼肉应新鲜，无异味。
2. 宜选用刚宰杀的猪腰子。

制作工艺

刀工

1. 将猪腰子从中间一片两半，去掉腰臊，剞成麦穗花刀，改成5厘米长、2厘米宽的条状。
2. 将乌鱼肉剞成麦穗花刀，切成5厘米长、2厘米宽的条状。
3. 将葱切成2厘米长的指段葱，蒜切成0.2厘米厚的片，竹笋切成0.2厘米厚、1.5厘米宽、3厘米长的片。

烹调

1. 锅内加入水烧开，分别将乌鱼、猪腰子放入开水中焯水，捞出将水控净，然后分别放入250℃的热油中冲至九成熟，捞出将油控净。

2. 用食盐、味精、清汤、湿淀粉兑成汁水。
3. 锅内倒入25克花生油，用葱、蒜爆锅，烹入料酒，将腰花、乌鱼花下锅略炒，烹入醋，再将兑好的汁水倒入锅内，勾成包芡，加香油翻匀盛出即可。

制作要求
1. 乌鱼花、腰花切时要掌握好角度和深度。
2. 掌握好焯水和冲油时的油温和时间。
3. 掌握好兑汁水的浓度。

特点 红白双花、形似麦穗、芡汁明亮、脆嫩爽口。

醋焖针良鱼

原料

主料：针良鱼500克。

配料：葱15克、姜10克、蒜10克。

调料：绵白糖20克、食盐5克、味精2克、醋75克、料酒10克、老抽酱油25克、熟猪油50克、大料3克、清汤500克、韭菜25克、香油2克。

选料要求

针良鱼应新鲜，无异味。

制作工艺

刀工

1. 将针良鱼去净内脏、鳞、鳃洗净，切段，用料酒、食盐腌渍入味。
2. 将葱切成2.5厘米长的段，姜切成片，蒜切成片，韭菜切成25厘米长的段。

烹调

1. 锅内加入熟猪油，烧至150℃时，将鱼两面煎至呈金黄色，倒出。
2. 锅内加熟猪油烧热，加入葱、姜、蒜、大料爆锅，然后放入鱼，烹入醋，加入绵白糖、老抽酱油、清汤、食盐、味精旺火烧开，慢火焖熟，然后将汤汁收浓，撒上韭菜段，淋上香油装盘即可。

制作要求

1. 针良鱼煎时要火力均匀。
2. 烹醋时火要旺,油温要高。
3. 焖制时要中小火、长时间焖制。

特点 色泽红亮、酸甜适口、酥软肥美。

捶烩鱼丝

原料

主料：牙片鱼肉150克。

配料：葱10克、姜10克、冬笋15克、水发冬菇10克、香菜10克。

调料：葱姜汁20克、食盐5克、味精2克、醋10克、料酒10克、熟猪油10克、胡椒粉3克、清汤200克、澄粉100克、湿淀粉10克、香油2克。

选料要求

牙片鱼肉应新鲜，无异味。

制作工艺

刀工

1. 将牙片鱼肉片成大片，用葱姜汁、料酒、食盐、味精腌渍入味。
2. 将腌渍入味的鱼片放在案板上，撒上澄粉，用擀面杖分别排敲，捶成0.2厘米厚的大薄片；将捶好的鱼片切成细丝。
3. 将葱、姜、冬笋、水发冬菇分别切丝，香菜切成段。

烹调

1. 锅内加水烧开，放入鱼丝氽熟倒出过凉。
2. 锅内加熟猪油烧热，用葱姜爆锅，加清汤、配料、其余调料、鱼丝烧开，勾成烩芡，撒上香菜，淋上香油装入汤盘即成。

制作要求

1. 鱼片要捶得厚薄均匀一致。
2. 鱼丝要切得粗细均匀。
3. 烩芡要勾得透亮。

特点 色泽白亮、口味咸鲜、肉质滑嫩。

醋椒黑鱼

原料

主料：黑鱼1条（约750克）。

配料：葱15克、姜10克、香菜梗10克。

调料：食盐3克、味精1克、清汤300克、奶汤250克、料酒10克、醋75克、姜汁10克、熟猪油50克、白胡椒粉5克、香油2克。

选料要求

1. 黑鱼应新鲜，无异味。
2. 宜选用春季山东沿海一带所产的黑鱼。

制作工艺

刀工

1. 将黑鱼去掉内脏、鳞、鳃洗净，两面剞上牡丹花刀。
2. 将10克葱切成3厘米长、0.2厘米粗的丝，5克葱切成米；姜切成末；香菜梗切成2厘米长的段。

烹调

1. 锅内加水烧开，将黑鱼用开水烫至刀口翻起时，冷水冲净待用。
2. 锅内加入熟猪油烧热，依次加入白胡椒粉、葱米、姜末、奶汤、清汤、姜汁、食盐、料酒、黑鱼旺火烧开，中小火炖20分钟，至汤汁乳白，然后加入葱丝、白胡椒粉、醋、味精、香菜段，淋上香油盛入汤盘内即可。

制作要求

1. 炖制时掌握好火力和时间。
2. 醋不要加得太早。

特点 鱼肉鲜美、汤色乳白、酸辣开胃、解酒醒腻。

菊花鲍鱼

原料

主料：活鲍鱼6只。

配料：枸杞12粒、油菜心6棵、葱10克、姜10克。

调料：食盐3克、味精2克、清汤300克、料酒10克、香油2克。

选料要求

鲍鱼应鲜活，无异味。

制作工艺

刀工

1. 活鲍鱼取肉，去内脏，清洗干净，剞上菊花花刀。
2. 将葱、姜均切成3厘米长、0.2厘米粗的丝，油菜心择洗干净。

烹调

1. 锅内加水烧开，油菜心焯水；枸杞用开水冲泡，控净水分待用。
2. 锅内加入清汤、料酒、葱姜丝、食盐、味精烧开，捞去葱姜丝，放入菊花鲍鱼、油菜心、枸杞烧开至熟，淋上香油分别盛入6个盅内即可。

制作要求
1. 剞菊花花刀时要掌握好角度和深度。
2. 要掌握菊花鲍鱼的成熟度。

特点 色彩艳丽、新颖别致、软嫩适口、汤味清鲜。

第三章　烟台名菜

蒲酥全鱼

原料

主料：黄鱼500克。

配料：冬笋20克、冬菇20克、火腿15克、青豆15克。

调料：料酒15克、精盐5克、鸡蛋清15克、淀粉30克（包括干淀粉和湿淀粉）、熟猪油50克、清汤100克、明油3克。

选料要求

1. 黄鱼应新鲜，无异味。
2. 黄鱼的形状应完整。

制作工艺

刀工

1. 将黄鱼去掉鳞、鳃、内脏，冲洗干净，以鳃盖下沿砍下鱼头，将鱼头从下巴劈开，背面相连；从鱼尾处将尾剁下，鱼头、鱼尾加料酒、精盐腌渍入味，再粘干淀粉备用。
2. 片下鱼肉，去掉鱼刺骨，将鱼肉劈成长4厘米、宽2厘米、厚0.4厘米的片放入碗内，加料酒、精盐腌渍入味。
3. 将冬笋、冬菇、火腿均切成小象眼片；鸡蛋清放汤碗内，用筷子打成蛋泡，加上干淀粉搅匀调成蛋泡糊待用。

烹调

1. 炒锅内加熟猪油，用中火烧至三成热（约90℃）时，将鱼片粘匀蛋泡糊，逐片入油锅内滑炸至熟，取出控净油。鱼头、鱼尾放热油内（约160℃时）炸熟取出控净油，分别摆入鱼盘的两端，鱼片放中间呈鱼形。
2. 汤锅内加清汤，放冬笋、冬菇、火腿、青豆、料酒、精盐烧开后用湿淀粉勾芡，淋明油浇在鱼身上即成。

制作要求
1. 鱼肉要切成大小一致的片。
2. 掌握好油温和火力。

特点 色泽洁白、形状美观、鲜嫩滑口。

捶烩凤尾虾

原料

主料：基围虾300克。

配料：葱10克、姜10克、油菜心15克、木耳10克、玉兰片10克。

调料：食盐5克、味精2克、料酒10克、澄粉100克、清汤80克、湿淀粉15克、花生油10克、明油5克。

选料要求

基围虾应新鲜，无异味。

制作工艺

刀工

1. 基围虾去头、剥皮、开背、去虾线，加食盐、味精、料酒腌渍入味。
2. 将腌渍入味的虾放在案板上，撒上澄粉，用擀面杖分别排敲，捶成0.2厘米厚的大薄片。
3. 将葱、姜、玉兰片分别切丝；油菜心择洗干净；木耳择成小朵备用。

烹调

1. 锅内加水烧开，把捶好的虾放入开水中汆熟，倒出控水；油菜心、木耳分别焯水备用。
2. 锅内加花生油烧热，用葱姜爆锅，加清汤、配料、虾片烧开，勾成烩芡，淋上明油装入汤盘即成。

制作要求

1. 虾片要捶得厚薄均匀一致。
2. 汆虾片注意火候。
3. 烩芡要勾得透亮。

特点 虾肉洁白、尾壳鲜红、形似凤尾、鲜嫩味美。

鸡里蹦

原料

主料：鸡脯肉100克、虾仁100克。

配料：葱10克、蒜10克。

调料：食盐3克、味精2克、料酒10克、清汤25克、鸡蛋清25克、湿淀粉50克、花生油750克（约耗50克）、香油2克。

选料要求

1. 鸡肉应新鲜，无异味。
2. 宜选用海虾仁。

制作工艺

刀工

1. 将鸡肉、虾仁分别切成1厘米见方的丁，用食盐、料酒、鸡蛋清、湿淀粉上浆。
2. 将葱切成2厘米长的指段葱，蒜切成片。

烹调

1. 用清汤、食盐、味精、湿淀粉兑汁水。
2. 锅内加油烧至150℃时，将上好浆的鸡丁、虾仁丁放入油中滑至嫩熟，捞出将油控净。

3. 锅内加底油,用葱、蒜爆锅,烹入料酒,将滑至嫩熟的鸡肉丁、虾仁丁和汁水一并下锅翻炒,勾成包芡,淋上香油,盛入盘中即可。

制作要求
1. 鸡丁和虾仁丁要切成大小一致。
2. 掌握好滑油时的油温和火力。
3. 掌握好兑汁水的浓度。

特点 白里透红、两鲜并举、甜咸醇香、肉质嫩滑。

山东酥肉

原料

主料：猪瘦嫩肉400克。

配料：葱10克、姜10克、香菜梗10克、水发海米10克、熟蛋皮10克。

调料：食盐2克、味精1克、料酒10克、鸡蛋50克、湿淀粉20克、花椒5克、大料5克、酱油10克、清汤200克、花生油750克（约耗50克）、香油10克。

选料要求

1. 猪肉应新鲜，无异味。
2. 猪肉宜选用瘦嫩部位。

制作工艺

刀工

1. 将猪肉切成滚料块，用酱油腌渍入味。
2. 将葱、姜各5克切成丝；其余葱切成段、姜切成块；香菜梗切成2厘米长的段；蛋皮切成丝。

烹调

1. 将鸡蛋、湿淀粉调成浓糊。
2. 锅内加入花生油，烧至240℃，将肉块放入糊中抓匀，放入油中炸至枣红色，捞出将油控净，放入碗内，加清汤、酱油、葱段、姜块、花椒、大料、味精，上笼蒸20分钟至熟取出，拣去葱、姜、花椒、大料后扣入汤盘内。

3. 净锅置火上，将原汤倒入锅内，加清汤、食盐、料酒、葱姜丝、香菜段、鸡蛋皮丝、味精、海米烧开，撇去浮沫，淋上香油，倒入盛肉的汤盘内即成。

制作要求

1. 肉块要切得大小均匀。
2. 炸制时掌握好油温和火力。
3. 掌握好蒸制火候。

特点 色泽金黄、肉质酥烂、汤鲜味美、略带酸辣。

第四章
烟台名点

原料

面团：面粉500克、开水180克、冷水100克、老酵面100克。

湿油酥：面粉250克、花生油300克。

辅料：花椒盐、白芝麻、食用碱各适量。

制作方法

1. 用开水把面粉烫过后，产生胶化糊化与剩余面粉搅拌均匀，加入冷水搅拌均匀，和成面团醒发。
2. 花生油烧至八成热时，冲入面粉中，搅拌均匀成湿油酥，降温备用。
3. 面团中加入兑碱的老酵面揉和均匀，醒发。
4. 把面团擀成长方形薄面片（厚约0.5厘米），抹上凉透的湿油酥，涂抹均匀，然后均匀撒上花椒盐，从长的一端沿着卷起，卷成长条筒状，搓细，下成大小均匀的面剂。
5. 把面剂两端擀薄对叠，再把折叠好的面团两端擀薄对叠。把光滑面粘上芝麻，擀成长方形的薄饼（厚约0.5厘米）。
6. 烤箱温度底火210℃、顶火230℃，烘烤（大约15分钟）至表面略微金黄，刷一层花生油继续烘烤至表面红郁即可，出炉装盘。

营养

含有碳水化合物、蛋白质、脂肪、纤维素等营养成分。

叉子火食是胶东半岛的地方特色美食,咸香酥脆深受食客喜爱,由于制作工艺复杂,一度失传。2007年,中国烹饪大师米国红先生经过多次失败尝试,挖掘老配方,反复研制,让这一美食得以重新复活。因为叉子火食有满口香酥、回味持久的特点,所以受到来烟宾客的喜爱和赞誉,成为烟台面食文化独特的代表。

盘丝饼

原料

面粉1000克、酵母10克、水600克、白糖300克、花生油300克、食用碱适量。

制作方法

1. 面粉中加入酵母和水和成面团，揉至光滑，醒发。
2. 面团发酵至九成干时，兑碱去酸。
3. 面团中加入白糖，揉搓均匀。
4. 面团用抻面技法抻出面丝状，均匀刷上花生油，裁成10厘米长的段，围绕大拇指盘成饼状的坯。
5. 电饼铛温度150℃左右，将饼坯放入锅中烙制。先把底面烙上色泽，再翻过来并刷花生油，使另一面的上色至橘红色。
6. 装盘时，用热毛巾捂热回软，把丝促开装盘或者用微波炉加热，使其展露出金丝时装盘。

营养

含有人体需要的维生素、蛋白质、热能、脂肪、碳水化合物等营养成分,有助于维持人体生理机能。

盘丝饼是由抻面工艺的技法演变而来的,是京式面食——抻面技法的典型代表。经历了几代面点师傅的传承、改良和创新,体现了面点师傅的智慧,在口感、味觉、技艺、色泽方面都有了新的变化,让美食有了新的风采。

家常饼

原料

面粉500克、盐3克、开水180克、冷水120克、猪大油（白油）150克。

制作方法

1. 面粉中加入盐，搅拌均匀。
2. 将开水分多次倒入面粉中，搅拌至面粉呈颗粒状，加入冷水，抄拌成大块的棉絮状态，和成面团，醒发。
3. 醒发15分钟后，把面团揉一次，如此反复三次，至面团面筋延展至面团表面光滑，再次醒发15分钟。
4. 将面团下成10个大小均匀的面剂，用手掌按成厚的饼坯，用小擀面杖正反面擀成薄如纸的面皮，刷上一层猪大油，从两面往中间卷，再用手略微拉抻，从两端往中间卷并盘起，形成饼坯备用。
5. 将平锅升温至190~200℃，把饼坯擀成0.5厘米厚，放入锅中烙至面坯略上色，翻面再烙，在上色面刷上猪大油，继续烙另一面使其上色，并刷猪大油，至两面都烙至色泽成橘红色时熟制出锅。
6. 出锅后的饼趁热用手拍松使其层次分明，再装盘。

营养

维持人体生理机能，有人体需要的维生素、脂肪、碳水化合物等营养成分。

家常饼是胶东民间特有的一种家喻户晓的面食。21世纪初，烟台东山宾馆中国烹饪大师米国红先生，在家常饼制作过程中，加入少许葱花后，烙出的饼葱香浓郁、色泽美观、食欲大振，因此受到宾客的喜爱，也成为烟台政务接待宴会上的美点。家常饼于2005年被山东烹饪协会、烟台市旅游局、烟台市烹饪协会认定为"烟台名小吃"；入选2015年烟台市旅游局"烟台三个一百之游客最爱吃的100种美食"。

八带蛸包子

原料

皮料：面粉500克、盐3克、开水180克、冷水70克。

馅料：五花肉300克，长腿八带蛸300克，葱姜末各50克，韭菜300克，味极鲜酱油、盐、白糖、胡椒粉、香油、花生油各适量。

制作方法

1. 面粉中加入盐搅拌，把开水倒入面粉中搅拌成棉絮状，加入冷水揉光滑和成面团，醒发。
2. 五花肉切小丁，加入葱姜末，倒入味极鲜酱油、胡椒粉、白糖腌渍入味。
3. 八带蛸改刀切成小段，韭菜切成0.5厘米长的段。
4. 将步骤2和步骤3的料混合后加盐、香油、花生油调味，备用。
5. 面坯揉至光滑下剂，每个剂约20克，将其擀成薄皮包入馅料。
6. 水开后上屉蒸熟出锅。

营养

滋养肝脾、补虚养身，味鲜可口、胶原含量高，并含有多种维生素。八带蛸性平味甘，无毒，可以入药，具有补气养血、收敛生肌的作用，是女性产后补虚、生乳、催乳的滋补佳品。

八带蛸属于软体海中动物，是烹饪中的佳品原料。因其口感鲜美、脆嫩，使其成为海边渔家饮食文化的代表原料。

原料

玉米面350克、低筋面粉150克、中筋面粉50克、色拉油75克、泡打粉20克、白糖20克、鸡蛋1个、芹菜叶30克、水260克。

制作方法

1. 将玉米面、低筋面粉、中筋面粉、泡打粉、白糖搅拌均匀。
2. 继续加入色拉油、鸡蛋、芹菜叶、水，顺一个方向和成面团。
3. 面团搓成条，下剂，横截面朝上，摆入蒸屉里。
4. 大火足汽蒸15分钟。
5. 平锅温度升至160℃时打底油，把蒸好的片片底面烙至橘红色。出锅装盘。

营养

含有丰富的维生素、蛋白质、纤维素等营养成分。粗细粮搭配合理,适合所有人群食用。

本着粗粮细做,细粮精做的文化理念,通过面点师技艺的变化,搭配色彩亮丽,视觉丰富美观,使其得到广大食客的喜爱。

福山拉面

原料

精面粉1000克、精盐16克、水650克、碱6克。

制作方法

1. 将精盐用600克水化开,将面粉倒入盆内,进行抄拌,均匀地搋好成面团略醒,再用50克水将碱化开,碱水倒入面团中将面搋匀,放入盆内醒约10分钟。
2. 取出醒好的面团,放在案板上,搓成长条面坯,抓住面坯的两端,在案板上摔打,使之"啪啪"作响,并反复把面条对折,不断摔打,约七八次,经摔打后整理的面条筋道顺畅且粗细均匀,以便于拉抻,如拉扁条则需用手掌把溜好条的面坯压扁。
3. 案板上撒面粉,将已溜好条的面坯对折,抓住面坯两端均匀用力,上下抖动向外拉抻,边拉伸边向面条上撒醭面,将面条逐渐拉长,一般拉约165厘米长,再把面条对折,抓住两端再次拉抻。根据所需的粗细、扁宽,反复对折拉抻。从对折一次后算起,每对折一次向外拉条称为"一扣",面条的粗细程度、出的条数多少,以扣数多少而定。

4. 在拉面的同时要把煮面条的大锅水烧沸，把面拉好后，两手捏去面头，顺势把面条投入煮沸的锅内，在开锅后面条翻起第一滚时，用长竹筷把面条翻2~3次，立即用大漏勺捞出，放入冷水盆里洗去面条附着的淀粉黏液，使面条挺身，以免粘连，然后再用漏勺捞出，放入沸水锅内过一下，分别盛入碗内，按个人爱好加汤卤。
5. 面卤分大卤、温卤、炸酱、三鲜、清汤、烩勺等十几个品种，条形与面卤的配制有一定的讲究，一般浓汁配粗条、清汁配细条、炸酱配扁条，可根据个人喜好安排。

营养

含有丰富的碳水化合物、蛋白质、脂肪及矿物质等营养成分；能满足人体机能需求，适合儿童到老年阶段所有人群。

文化

福山拉面是抻面技法的一个代表，是一种汉族传统面食，民传因山东福山抻面而驰名。福山拉面分实心面、空心面、龙须面三种。实心面又分为圆形、扁形、三棱形三种20多个规格。空心面是将面条运用特殊工艺手法，拉出中间空心，两头透气的灯草式面条。龙须面则是将一根面条用高超的拉面技术，拉成2048根细如发丝的面条，真可谓技艺精湛、巧夺天工。福山拉面由于工艺性强、口感好、品种多，不仅在国内负有盛名，在海外也享有盛誉，至今韩国、日本、美国等地中餐馆仍挂着福山拉面的招牌，受各国美食爱好者喜爱。

三鲜馄饨

原料

皮料：面粉500克、盐8克、碱1克、水220克。

馅料：肉馅400克，虾仁100克，贝丁100克，葱姜末各20克，韭菜200克，味极鲜酱油、盐、味精、白糖、白胡椒粉、香油、花生油各适量。

汤料：虾皮、紫菜、蛋皮、香菜、味极鲜酱油、香油、高汤各适量。

制作方法

1. 将皮料中的盐、碱溶入水中，倒入面粉和成面团，用压面机器压制光滑成0.2厘米的薄片，切成5厘米的正方形薄片备用。
2. 肉馅加入葱姜末、味极鲜酱油、白胡椒粉、白糖、味精调味，再分次加入200克水搅打入馅中，让馅吃浆，加盐、香油、花生油调味。
3. 虾仁、贝丁、韭菜改刀加入馅中搅拌均匀成三鲜馅。
4. 将面皮放左手手心，右手把三鲜馅挑起抹入面皮中，两端对折，再折叠成管帽状即可。
5. 将汤料原料放入碗中，用高汤冲开。
6. 锅中烧开水，下入包好的馄饨，煮熟放入汤料碗中即可。

营养

含有丰富的蛋白质、脂肪、碳水化合物和维生素A、维生素D、维生素E、维生素K、维生素B_1、维生素B_2、维生素B_6、维生素B_{12}等多种营养成分,以及磷、钾、镁、钙多种矿物质,适合所有人群。

馄饨是一道中国美食,汉语拼音是hún tun(轻声);粤语:wen3 ten1,音同"云吞";山东话:hún dùn;英文名:Wonton、Huntun,是起源于中国北方民间的一道传统面食,用薄面皮包馅儿,下锅后煮熟,食用时一般带汤。

西汉扬雄所作《方言》中提到"饼谓之饨",馄饨是饼的一种,差别为其中夹内馅,经蒸煮后食用;若以汤水煮熟,则称"汤饼"。古代中国人认为这是一种密封的包子,没有七窍,所以称为"浑沌",依据中国造字的规则,后来才称为"馄饨"。在这时候,馄饨与水饺并无区别。

千百年来水饺并无明显改变,但馄饨却在南方发扬光大,有了独立的风格。至唐朝起,正式区分了馄饨与水饺的称呼。

知识拓展:历史沿革

2017年12月1日,《公共服务领域英文译写规范》正式实施,规定在公共服务领域中,馄饨的标准英文名为Wonton或Huntun。

过去老北京有"冬至馄饨夏至面"的说法。相传汉朝时,北方匈奴经常骚扰边疆,百姓不得安宁。当时匈奴部落中有浑氏和屯氏两个首领,十分凶残。百姓对其恨之入骨,于是用肉馅包成角儿,取"浑"与"屯"之音,呼作"馄饨"。恨以食之,并求平息战乱,能过上太平日子。因最初制成馄饨是在冬至这一天，所以在冬至这天家家户户吃馄饨。

馄饨发展至今，更成为名目繁多、制作各异、鲜香味美、遍布全国各地、深受人们喜爱的著名小吃。江浙等大多数地方称馄饨，而广东则称云吞，湖北称包面，江西称清汤，四川称抄手，新疆称曲曲等。

鲅鱼水饺

原料

皮料：面粉500克、盐5克、水250克。

馅料：鲅鱼肉500克、葱姜水400克、白胡椒粉2克、盐8克、白糖3克、味精4克、猪大油200克、花椒油5克、香油10克、韭菜100克。

制作方法

1. 面粉加盐，搅拌均匀，倒入水和成面团，醒发备用。
2. 鱼肉加入葱姜水、白胡椒粉、白糖、味精，顺一个方向搅拌，慢慢分多次加入盐，继续搅拌至鱼肉变稠，加入香油、猪大油、花椒油搅拌均匀备用。
3. 韭菜切末加入步骤2中和成馅，面坯下剂，每个约15克，擀成饺子皮，包上鱼馅，成半月形。
4. 水烧开后，下入包好的水饺，温火慢煮，至饺子熟了出锅，装盘。

营养

含有丰富的蛋白质、脂肪、维生素、铁等营养成分，适合所有人群。

鲅鱼水饺是胶东半岛渔家饮食文化代表品种，味道鲜美，营养丰富，也是地方政务接待的特色美食，备受来宾们的喜爱。

三鲜疙瘩汤

原料

猪肉末100克,熟猪油30克,葱末20克,姜末10克,虾段50克,海参丁50克,鸡蛋2个,面粉250克,高汤、味极鲜酱油、花生油、食盐、味精、香油、白胡椒粉各适量。

制作方法

1. 面粉中加少许食盐,加1个鸡蛋和适量水和成半蛋面团,醒发后擀成面条,切成粒状备用。
2. 起锅加花生油,将肉末煸香,加入葱姜末略炒,烹入味极鲜酱油,加入高汤烧开,加盐、味精、白胡椒粉调味,下入面粒煮熟,加入虾段、海参丁,飞蛋花,淋上香油,撒葱末。出锅,装器皿中。

营养

口感丰富、咸鲜可口、味道鲜美、老少皆宜。含有丰富的蛋白质、脂肪、维生素、糖等营养成分。

文化

相传很久以前,一位老妇人去看望已嫁他乡的女儿,到了中午该做饭时,女儿却犯了难,按说母亲来了该做点儿好吃的孝敬母亲一番,可是母亲来得突然走得匆忙,吃了饭就要往回赶路,一来自己来不及准备,二来婆家的日子也过得紧巴,这可做点儿啥呢?女儿灵机一动,有了办法。她把家里仅有的一点儿白面盛到碗里,加入丁点儿的水,用筷子搅拌成小碎疙瘩糊进锅里,又把一些赶海的小海鲜、鸡蛋、大葱、香菜等放入锅内,煮熟后烹了一勺油花,加入盐等佐料,便做成了一锅不稠不稀香喷喷的汤饭,小心翼翼地端给娘亲吃,不料母亲品尝后赞不绝口,女儿悬着的心这才放下来。母亲问女儿这叫啥饭,女儿说这是我来到婆家后学会做的饭,名叫"三鲜疙瘩汤"。

原料

五花肉250克,面粉400克,葱姜末各30克,裙带菜500克,大蒜5克,香菜30克,食盐8克,味极鲜酱油、白胡椒粉、白糖、香油、花生油各适量。

制作方法

1. 面粉加少许食盐,用开水烫六成,搅拌均匀,加冷水和成面团,醒发。
2. 五花肉切丁,加入葱姜末,用味极鲜酱油、白糖、白胡椒粉、香油调味。
3. 裙带菜改刀、大蒜剁末加入步骤2中,加入香菜、食盐、花生油、香油和成馅备用。
4. 面团揉搓成长条下剂,每个约15克,擀成薄皮,包入调好的馅,成麦穗状入蒸屉,大火蒸15分钟至蒸熟出锅。

营养

海菜是一种天然、纯绿色的高纤维食材,需要清洁无污染的海域才能生长。海菜营养价值极高,所含的叶绿素、胡萝卜素、钙质与碘的成分尤其多,而且热量低,又含有胶原蛋白,除了有益健康外,还兼具美容的效果。

以海菜做包子,长岛人称之为海菜夹子(也有称菜角子),是胶东海岛饮食文化的一部分。长岛一年四季均有时新海菜,可做包子的用菜。海青菜、紫菜、铜藻、裙带菜、鹿角菜等,诸菜中当数早春的骆驼毛(萱菜)做包子最多见。每年的二月以后,海边礁石上生长出的骆驼毛,呈深褐色、纤细、柔嫩、光滑。落潮时,赶海捞菜,砂礓上的短菜,用鲍鱼壳刮,稍长的用手捋,浅水里的往上捞。

地瓜面面条

原料

面粉1000克、地瓜面粉200克、菠菜500克、鸡蛋5个、食盐8克、味极鲜酱油15克、碱5克、玉米淀粉适量。

制作方法

1. 将适量面粉和略微烫过的地瓜面粉和成地瓜面坯醒发备用。将面粉加盐和成白面坯,加适量食用碱和成面团醒发备用,和出来的地瓜面坯要比白面坯稍软。地瓜面坯的大小,依个人喜食地瓜面的程度而定,一般地瓜面坯要小于白面坯。
2. 将和好的地瓜面坯包在白面坯里,缓慢擀压成薄片,可用玉米淀粉做醭面,光滑而不黏;将擀好的面片叠好,切成喜欢的宽度。
3. 锅中加水烧开后,将切好的地瓜面面条下锅,面条浮起来后下入焯水后的菠菜,待再次沸腾淋入鸡蛋,即可出锅。捞入碗内,加盐、味极鲜酱油调味,便可食用。

营养

地瓜面粉中含有人们所需14种矿物质中的9种,特别是对心脏有益的矿物质元素钾的含量十分丰富。约148克地瓜面粉能提供人体对钾元素日需量的12%,而且钾对高血压有预防作用。钾、镁、钙共同作用下能够增强血管弹性,有利于减少患高血压病和中风病的风险。地瓜面粉含有丰富的维生素C，约148克地瓜面粉可提供人体日需维生素C的45%含量。另外，地瓜面粉不含脂肪，可以提供人体所需膳食纤维和维生素B_6等营养成分，这些特性使地瓜面粉成为补充矿物质、均衡营养的良好膳食来源。

文化

　　地瓜面面条是烟台市莱山区文化馆饮食非遗文化之一。莱山区西解甲庄村历史悠久，文化底蕴浓厚，是清代雍正年间工部尚书李永绍的故乡，村中至今还保留着传统面食——地瓜面面条的制作技艺，其中尤其以村民王华制作的地瓜面面条最为正宗。莱山地瓜面面条具体起源于何时已无从考查，但据村志记载早在500余年前的明代嘉靖年间，村里便有吃地瓜面面条的饮食习惯。说起莱山地瓜面面条的起源，村里有两种说法。一是地域说，甘薯类农作物传入我国后在胶东地区广泛种植，到了明代已是当地最主要的农作物之一，出现了很多以此为原材料的食物，莱山地瓜面面条便是其中之一。二是时代说，旧时百姓生活比较穷苦，对于吃白面是一件可望而不可即的事，所以只能以地瓜制作的食品作为主食。地瓜面面条流传地域广泛，据考察，在烟台很多地方都能看到其身影，继承着原汁原味的制作技艺，营养丰富、味道鲜美、内涵丰富，极具胶东地域传统风味，是烟台市莱山区传统饮食的瑰宝之一。

黄县肉盒

原料

馅料：猪瘦肉500克，海米100克，大葱100克，泡发木耳30克，味极鲜酱油、白胡椒粉、白糖、蚝油、香油、花生油、高汤各适量。

皮料：面粉500克、开水180克、冷水100克、老酵面50克、油酥300克。

制作方法

1. 将大葱和木耳切成末，将猪瘦肉切成细小丁状或斩成粗泥，加味极鲜酱油、白胡椒粉、白糖、蚝油、香油、花生油、高汤、海米、葱末、木耳末拌匀调成馅备用。
2. 把面粉烫六成与剩余面粉搅拌均匀加冷水和成温水面团，加老酵面揉匀，把调好的面坯擀成薄片，抹均匀油酥，卷起下剂，擀成0.5厘米厚的皮，放入馅料包成菊花顶式的圆形包子。
3. 电饼铛擦净加热至170℃，均匀涂抹一层花生油，放入肉盒先煎两面，烙至金黄色时再竖起煎圆边，煎成六边形呈螺母状，放入花生油煎炸至熟即可。

营养

含有丰富的蛋白质、脂肪、碳水化合物等人体需要的多种营养成分，适合正常体质的人食用。

黄县肉盒始于明末清初年间,因起源于黄县,故称黄县肉盒,是烟台非物质文化遗产项目之一。相传民国初期,以开设在黄城南街路东的"凤聚园"肉盒铺制作的最好,久负盛名。后因操作复杂,利润微薄,几乎失传。中华人民共和国成立以后,黄县西大街饭店曾专设肉盒门市部加工销售。

其实,肉盒的制作远非程序介绍的这么简单,可以说甚为复杂,需经过拌馅、调面、掐坯、擀皮、装馅、捏包、烙制、按饼、煎炸等一系列步骤,手艺不精者很难做成色、香、味、形俱佳的美味。其主要的特色体现在两方面,首先是面团,用的是油面、烫面、凉水面的合成品,即先将后两种面团混合揉透揉匀,擀成长方形饼,再放上同样形状的油面,顺面饼长边卷成长条状,掐成均匀的面坯,断面朝下,擀成薄片就可包馅了。用此种面团制作的肉盒,口感特别的酥香。其次是煎炸,肉盒煎烙成六面形后,需从锅里取出,再加清油,用量约占肉盒高度的五分之一,然后并排放入,反复翻煎至熟透。所以,黄县肉盒属于半煎半炸、半烙半焖烹法。

地瓜面鱼子包

原料

馅料：韭菜500克、鱼子200克、五花肉200克、面酱30克、葱姜末15克。

皮料：地瓜面粉200克、面粉300克、开水150克、冷水80克。

制作方法

1. 地瓜面粉用开水烫匀，加入面粉和冷水和成面团醒发。
2. 韭菜切段、鱼子切丁、五花肉切丁，葱姜末备好。
3. 五花肉放入锅中煸炒，加入面酱、葱姜末炒熟拌匀凉凉备用。
4. 将步骤2和步骤3中的原料混合调成鱼子馅备用。
5. 地瓜面团下剂擀皮，包入鱼子馅，入蒸屉大火蒸20分钟出锅。

营养

口味鲜香,色彩艳丽,含有蛋白质、脂肪、纤维素、磷、钾、钙等人体需要的多种营养成分。

地瓜面鱼子包是胶东海边农村渔家流传的老经典地方特色面食。以其营养丰富,面色诱人,唇齿留香深受游客喜爱。

面鱼

原料

面粉500克、盐8克、酵母8克、泡打粉8克、水400～450克、花生油适量。

制作方法

1. 将面粉、盐、酵母、泡打粉混合均匀,放入多功能料理机中,缓慢加入水,直至全部加入,把面团搅至光滑。
2. 盆中刷花生油,把面团取出,发酵至七成开。
3. 将油温升至200℃时,把面团下成光滑的圆剂子,手上抹油,按压面团成椭圆形的片,用刀划两下,分成均匀的三等份,手扯两端入油锅中抖动,面片在油中浮起,炸至色泽金黄时,进行翻转炸另一面,直至两面色泽金黄出锅控油。

营养

含有碳水化合物、脂肪、蛋白质和少量的维生素E和B族维生素及分解酶。

文化

　　有一古老的习俗，就是每逢农历闰年，结了婚的闺女，要在闰月里蒸一对面鱼，送到娘家。过去，农户人家"穷"，物产也不丰富，人们过着"半年糠菜半年粮"的苦日子，寅吃卯粮的现象也时有发生。老百姓过日子大都按农历计算，赶上闰年便会多出一个月，闺女担心年一长，娘家人会断炊挨饿，就会专门抽出时间，蒸出一对面鱼，赶忙送去。"鱼"和"余"谐音，闺女当然也希望娘家的日子过得富足有余，以图吉利。

　　这一风俗一直延续至今，不过也有了一些演变。由于人们的生活水平不断提高，天天都能吃上面食，大都不送面鱼了，而改为送货真价实、活蹦乱跳的真鱼。这一习俗，不仅让做女儿的能报答父母的养育之恩，还能了却父母对女儿的思念之情，真是一举两得，值得发扬光大。

原料

面粉500克、白糖100克、花生油100克、鸡蛋3个、酵母5克。

制作方法

1. 面粉、酵母混合搅拌均匀。
2. 白糖、花生油、鸡蛋混合,加入面粉中揉成光滑的面团,醒发。
3. 待面团发酵至两倍大,揉搓排气至面团光滑下剂,每个剂重100克,再揉搓光滑,按压成饼,醒发。
4. 电饼铛温度升至110℃时,把醒发好的饼坯放入锅中,烙至两面呈金黄色且熟透即可出锅。

营养

含有碳水化合物、脂肪、蛋白质、麦芽糖以及B族维生素等营养成分。

文化

胶东喜饼,又名"火烧""喜饽饽""媳妇饼",是特色传统名点。在山东胶东一带姑娘出嫁时都要制作喜饼带到婆家,有喜庆、团圆之意。这种饼完全用鸡蛋和油和面,所以更加甜酥,也适合日常当甜点吃。喜饼不怕干,存放时间较长,是走亲访友携带的送礼佳品。

黄埠寨饼子

原料

栗子粉500克、面粉100克、花生油50克、水300克、酵母5克。

制作方法

1. 将栗子粉、面粉、酵母、花生油加入水调成面团，醒发。
2. 电饼铛温度升至160℃时，把略微发酵的面团团成梭子状，放入电饼铛中烙制定型。
3. 3分钟后，生坯上色后，加入适量开水，形成蒸汽，通过蒸、烙的方式成熟即可。

营养

含有优质蛋白，消化率高，氨基酸的含量也非常丰富，能够满足豆类或者谷类食物没有办法满足的氨基酸，含有不饱和脂肪酸。此外，还含有其他微量元素，如磷元素、维生素A以及维生素B，能够让肠道更加健康，对于老人小孩来说是不错的食物选择。

文化

莱阳有句俗语,黄埠寨的饼子——别看样。据《莱阳县志》记载,以前莱阳前淳于(现照旺庄镇)黄埠寨村有一片栗子林,每年都可收获好多栗子,远近闻名。传说有一天,有个州官坐着八抬大轿从黄埠寨路过,正值中午,来到一个大户人家,这家人摆酒上菜,细心招待。上饭时,主人端上了一盘黑乎乎的饼子。州官看了,面露不悦,饭也没吃,便催着上路,轿夫们见州官大人不吃,都没敢吃,便和主人要了些饼子,空着肚子上了路。中午天热,轿夫们抬了不远,便又饥又累,直冒虚汗,他们请求州官让他们吃点饼子充充饥再走。谁知刚咬一口,那饼子竟然又香又甜!轿夫们纷纷大吃起来。州官也闻到了饼子的香味,轿夫们看出了老爷的心思,于是派一个轿夫将饼子拿给州官尝尝。州官接过饼子咬了一口,惊喜地说:"这是栗子面做的!黄埠寨的饼子别看样,我错怪人家了。"为了让人们不再做以貌取物的蠢事,这个州官所到之处,都向人们讲述这件事。后来,"黄埠寨的饼子——别看样",就成了当地人们流传的歇后语。

银丝卷

原料

面粉1000克、酵母10克、水550克、白糖200克、食用碱、花生油适量。

制作方法

1. 面粉中加入酵母、水,和成面团发酵至八成开,面团产生蜂窝状空洞组织。
2. 根据面团发酵程度和面团软硬程度兑碱,去除面团的酸味。面团加入白糖,揉匀成光滑的面团后,用抻面技法,把面团溜条,两手各持一端,上下抖动,把面条抻拉成120厘米长时,双手交叉,长条就拧成麻花状,放在案子上,面条对折,双手再各持一端上下抖动,按上述方法反复做20余次,即溜面。
3. 出条:将溜好的面条放在案子上,撒上干面粉,再将面条抻长,对折。如此连续9次,每折一次面条的根数就增加一倍,至第9次时,即可变成512根很细的面丝。抻出9扣粗细均匀的面丝,刷上花生油,切成4厘米的段备用。
4. 抻完面丝,剩余面团加入干面粉,揉成软硬适中的面团,搓条下剂,擀成长方形、厚度约0.5厘米厚的面皮,把备用的面丝包入面片中,用包卷技法先从丝的两端叠起,再把长的两端对叠好,成长方形的圆柱形,就是银丝卷的生坯,入醒发箱醒发至面团膨松。
5. 蒸汽柜水开后,放入醒发好的面坯,大火蒸15分钟至熟透,取出微凉,装盘即可。

营养

含有蛋白质、脂肪、碳水化合物、B族维生素等营养成分,有养身益肾,健脾厚肠,去热止咳的功效。

银丝卷是传统名吃,也是鲁京津地区著名小吃。银丝卷以制作精细、面内包以银丝缕缕而闻名。除蒸食以外还可入炉烤至金黄色,别有一番风味;经常作为宴会点心。银丝卷色泽洁白,入口柔和香甜,软绵油润,余味无穷。炸银丝卷则是将银丝卷蒸好再炸,相传是清宫流传到民间的精致面点,曾是慈禧太后的"豪华早餐",旧时坊间只有高级鲁菜饭馆才有制作供应。

原料

面粉500克、糖浆220克、花生油60克、猪油20克、芝麻25克、白砂糖150克、小苏打适量。

制作方法

1. 将100克面粉、20克猪油、适量水调成皮面团。
2. 将400克面粉、60克花生油、220克糖浆加小苏打调成糖浆面团。
3. 将皮面团擀成长方形，抹上水，再将糖浆面团擀成同样大小，放到皮面团上，擀成10.5厘米的大饼，抹上水撒上一层芝麻抹匀，用刀切成3厘米的条，再用刀切成1.2厘米的块（中间切上两刀、不切断）放入160℃的油温中炸熟成金黄色。
4. 将150克白砂糖加适量水熬成糖浆，将炸好的三刀趁热放入糖浆中浸泡吸糖，然后倒出凉凉即可。

营养

含有脂肪、碳水化合物、维生素、钙、磷、钾、镁等营养成分。

文化

蜜三刀是山东省、江苏省等地特色传统风味小吃之一，是烟台当地特产糕点八大样之一，具有浆亮不黏、味道香甜绵软、芝麻香味浓厚的特色。蜜是饴糖，是由大麦等粮食经发酵糖化而成，又被称为"蜜食"。相传北宋年间，苏东坡在徐州任知州时，与云龙山上的隐士张山人过往甚密，常常诗酒相会。一天苏东坡与张山人在放鹤亭上饮酒赋诗，苏东坡抽出一把新得的宝刀，在饮鹤泉井栏旁的青石上试刀，连砍三刀，在大青石上留下了三道深深的刀痕，苏东坡十分高兴。正在这时，侍从送来茶食糕点，有一种新做的蜜制糕点十分可口，只是尚无名称，众友人请苏东坡为点心起名，他见糕点表面也有三道浮切的刀痕，随口答："蜜三刀是也。"

花饽饽

原料

面粉1000克，熟猪油50克，酵母6克，牛奶、鸡蛋、白糖、水、食用碱及各种调色菜汁各适量。

制作方法

1. 面粉加入酵母搅拌均匀，加入牛奶、鸡蛋、白糖和熟猪油，加入水和成面团进行发酵。
2. 面团发好后取出分成多块小面团，分别加入各种调色菜汁，调成五颜六色的面团，根据喜好捏出花鸟鱼虫等动植物形象。
3. 面团发酵到八九成开，兑碱去除面团酸味，把面团揉至光滑，再揉圆成形醒发，并镶嵌上做好的花鸟鱼虫等动植物成生坯花饽饽，醒发至轻盈。
4. 醒发好的花饽饽，放入锅中，大火上汽，蒸35分钟至熟，取出凉凉上色。把饽饽染上鲜艳的色彩，让花饽饽呈现出不同的寓意象征。

营养

含有碳水化合物、脂肪、蛋白质以及B族维生素等营养成分。

胶东花饽饽习俗历史悠久，至今仍然流传于烟台市区、莱州、蓬莱、龙口、招远、栖霞、牟平及周边地区。

聪明、勤劳的胶东农村妇女利用面团，通过智慧和巧手工艺在各种传统节日期间，以及婚庆嫁娶、孩子出生到老人过世，用面团做出鸳鸯、鲤鱼、龙、凤、寿桃等寓意造型，蒸熟凉透，再染五彩缤纷的颜色，便成了一件件非常生动的艺术品，用以祭祀、观赏、食用或馈赠亲友等。

胶东花饽饽可塑性强，有很好的表现力，捏制风格古朴自然，造型或敦厚或灵巧，是自然崇拜、宗教思想和心理意识的综合载体。制作流程为：和面—发面—揉面—捏型—雕刻—锅蒸—上色等。它以刀、剪、笔等工具进行创作，有"圣虫"（"神虫"）、"花馍""巧饽饽"等名称，是民间托物寄情、喜庆丰收、祈福长寿的生活艺术品。在技法上，不同地域各有特色，风格迥异。按人生礼仪、岁时节物和各地习俗，通常分为"结婚""送三""百岁""过年"等几个大类别。

婚礼是人生中一件大事，对花饽饽的要求自然也高。特别是放在脸盆中的花饽饽"龙凤呈祥"（俗称脸盆花饽饽），上面精塑十二生肖，造型生动有趣，色彩鲜艳明快。线与面、点与块、塑与画、拙与巧的结合与对比，形成了强烈的艺术效果，增强了喜庆的气氛，丰富了民间婚俗的内容，更为民间艺术增添了俏枝蓓蕾。除此之外，结婚花饽饽还有"八大件"：一对鸳鸯表示爱情；一对鲤鱼表示生活富裕；一对肥猪表示五谷丰登；一对寿桃表示长寿百年。

"送三"是姑娘出嫁后的第一年农历三月初三，由娘家做一筐篓"春燕"带回婆家，表示燕子归巢，回报父母的养育之恩。

"百岁"是婴儿出生后满百天，由姥姥家送的贺岁花饽饽，莱州一带称送"月鼓"，主要制作"长穗（岁）""糖包""糖帽""挂花""虎头""月鼓"等小品，盼望他们健康成长。

还有，在每年春节前几天，为使正月里不用再做主食，家家户户都会蒸花饽饽,同时要做四个"圣虫"、八个大枣饽饽等。大枣饽饽等用来供奉先人;"圣虫"则放在馒头缸里,寓意可保当年丰收,不会断粮,表达民众一种向往生活富足的思想。

胶东花饽饽习俗是胶东妇女根据地域特色、节日和生活习俗而创造的一种艺术样式,它生存于劳动者深厚的生活土壤中,体现了人类艺术淳朴的审美观念和精神品质,具有鲜明的艺术特色和生活情趣。

杠子头火食

原料

面粉500克、白糖75克、花生油75克、老酵面100克、开水125克、食用碱适量。

制作方法

1. 将白糖、花生油混合，加入开水溶合。
2. 面粉中加入步骤1的原料，搅拌均匀，加入兑碱后的老酵面，和成面团，用压面机压至光滑。
3. 面团搓条下剂，每个约25克，揉成光滑圆形面团。
4. 用刀沿着边沿砍上花刀，并用酒杯压出花纹。
5. 烤箱顶部温度调至210℃、底部温度调至190℃，放入杠子头火食生坯烘烤至金黄色成熟取出即可。

营养

含有碳水化合物、脂肪、麦芽糖、维生素B族等成分，有利于肠道消化吸收。

杠子头火食是烟台最受大众喜爱的面食之一,用面粉、糖、花生油为原料揉和在一起烤制而成,口感甘香酥脆耐嚼,久藏不馊,制作工艺科学卫生,没任何添加剂,确保绿色,安全无忧。

潍县杠子头火食是一种最受旧时远行人欢迎的硬面食,因在制作时和面用水很少,面硬,用粗重杠木反复压制代替揉面,故名"杠子头"。传说此点心起源于潍县流饭桥村。此处是明清两代登、莱两州行人赴京必经之路,过此无重镇,行人必须在这里带足半个月的干粮,"杠子头火食"应这种需求而发展起来。这种火食在制作过程中,和面用杠子压过,下剂后又"饯面",然后制成边沿厚、中间薄的圆饼,上烤炉时,再在中间挑起一个凸顶,用慢火烤成,十分坚硬,久存不变质,又因为中间凸起部分极薄,敲破成一小孔,以麻绳穿成串,挂在鞍边车旁煞是方便。这种火食,凉吃越嚼越香,热食用菜、肉烩出柔韧而不松散,又出一种特异香味。

荣成盛家火烧,外地人称为石岛糖酥火烧,产地在荣成盛家村,距著名的海港石岛镇不到10千米。这种烧饼将面粉加酵面、糖、油及温水和好发酵,加碱揉好,擀成圆形,放平锅内烙烤,待烤成黄色时,刷一层油,翻过来再烤,两面都烙好之后,把火烧竖起来,夹上夹板,烙成六边形。出锅的火烧,一面特酥,一面柔软,中间白中透黄,层次分明,又脆又香,便于携带,便于贮藏,吃的时候不喝水也不会黏嘴,最受连日在海上作业的渔民欢迎。传说这盛家火烧起源于南方,那边逃荒而来的人把做火烧的技艺带到盛家村,村民多是逃荒而来,家家做起了火烧生意,因此,盛家村别名"火烧村"。

20世纪60年代,烟台一代面点宗师曲永伦先生糅合了以上两种著名火烧的优点,研制出"糖酥杠子头火食",一推向市场,便供不应求,大连等地的顾客专门乘船到烟台购买。该火食获得山东商业厅"金鼎奖"并取得山东省优质产品等荣誉称号,成为烟台名吃。该产品21世纪初由中国烹饪大师米国红先生在外观、外形、烤制工艺等方面经过改良，产品又有了新的生命力。通过色彩上的变化，根据现代人的口味特点，进一步加以研究，成为烟台饮食文化的一张名片，2005年荣获"烟台名小吃"；2014年荣获烟台市"最佳伴手礼金奖"。现在的"糖酥杠子头火食"为烟台市的经济发展，饮食文化交流做出了重要贡献。

第五章 烟台名小吃

原料

主料：面粉500克。

配料：熟加吉鱼肉150克、蒜苗60克。

调料：清汤1000克、鸡蛋50克、食盐10克、面碱5克、花椒5克、湿淀粉50克、香油20克。

选料要求

主料、配料应新鲜，无异味。

制作方法

1. 将面粉、食盐、面碱加水调成面团，醒面30分钟。
2. 取出醒好的面团，放在案板上，搓成长条面坯，抓住面坯的两端，在案板上摔打，使之"啪啪"作响，并反复把面条对折，不断摔打，约七八次，经摔打后整理的面条筋道顺畅且粗细均匀，以便于拉抻，如拉扁条则需要用手掌把溜好条的面坯压扁。
3. 案板上撒面粉，将已溜好条的面坯对折，抓住面坯两端均匀用力，上下抖动向外拉抻，边拉抻边向面条上撒醭面，将面条逐渐拉长，一般拉约165厘米长，再把面条对折，抓住两端再次拉抻。根据所需的粗细、扁宽，反复对折拉抻。从对折一次后算起，每对折一次向外拉条称为"一扣"，面条的粗细程度，出的条数多少，以扣数多少而定。

4. 在拉面的同时要把煮面条的大锅水烧沸，把面拉好后，两手捏去面头，顺势把面条投入煮沸的锅内，在开锅后面条翻起第一滚时，用长竹筷把面条翻动2~3次，立即用大漏勺捞出，放入冷水盆里洗去面条附着的淀粉黏液，使面条挺身，以免粘连，然后再用漏勺捞出，放入沸水锅内过一下，分别盛入碗内，按个人爱好加汤卤。
5. 锅中放入清汤烧开，下入鱼肉、食盐、花椒调味，烧开勾芡，淋蛋液、撒蒜苗、淋上香油浇在面条上，汤多点，面少点即可。

特点 汤味清鲜，面条爽滑筋道，香气浓郁。

营养
由于取用食材宽广，含有丰富的碳水化合物、蛋白质、脂肪及矿物质等营养成分。

三不沾

原料
主料：鸡蛋黄300克。
配料：湿淀粉125克。
调料：绵白糖100克、花生油50克。

选料要求
鸡蛋应新鲜，无散黄现象。

制作方法

1. 将蛋黄打在碗内，用绵白糖、湿淀粉搅匀。
2. 锅内加入花生油，烧热，将锅炼滑，擦净。
3. 加20克花生油烧热，将蛋黄液搅匀倒入锅内，用手勺推炒，边推炒边逐次加入花生油，继续翻炒。
4. 待炒至所有原料结块呈黄色，呈黏糕形状，不粘手勺时，盛在盘内即可。

制作要求
1. 蛋黄液要搅匀。
2. 炒制时要不停地推炒。

特点　色泽老黄、口味香甜、质感软糯。

营养
含有丰富的蛋白质、脂肪、糖分、卵磷脂等营养成分。

第五章　烟台名小吃

莱州羊汤

原料

主料：熟羊肉300克，熟羊心、羊肝、羊肺、羊肚、羊肠、羊腰、羊头、羊蹄共300克，羊汤1000克（羊骨2000克、水10000克）。

配料：指段葱20克、香菜末10克。

调料：盐10克、味精5克、香油5克、胡椒粉15克。

选料要求

主料应新鲜，无异味。

制作方法

1. 将羊肉、羊心、羊肝、羊肺、羊肚、羊肠、羊腰、羊头、羊蹄切成片或小块。
2. 将羊骨加水中火熬4~5小时，熬到奶白色。
3. 将羊汤倒入锅中，大火烧开。
4. 将切好片的羊肉、羊心、羊肝、羊肺、羊肚、羊肠、羊腰、羊头、羊蹄等原料放入锅中烧开。
5. 加盐、味精调味，倒入盛器内，放葱、香菜末、胡椒粉、香油即可。

特点 汤浓色白、滋味醇厚、胡辣鲜香、香而不腻。

营养 含有丰富的蛋白质、维生素、矿物质等营养成分，可益气补虚，增强御寒能力。

绿豆粉浆

原料

主料：纯绿豆粉浆1000克、小米面150克。

配料：葱10克、姜10克、花生仁100克、豆腐干50克、菠菜200克。

调料：花生油10克、白胡椒粉10克、盐10克、味精5克。

制作方法

1. 将菠菜择洗干净，焯水，捞出切碎备用；花生仁炒制熟后碾碎备用；豆腐干切丝备用。
2. 锅内加花生油，葱姜炝锅，加白胡椒粉后将煮熟的花生仁及豆腐干放入锅内翻炒片刻，倒入粉浆。
3. 粉浆烧开后，把小米面稀释后淋入锅中，烧开放入切好的菠菜，等待再次开锅后，加入盐、味精调味出锅即可。

特点 粉浆香而不腻,香中似有甜,酸甜适中,有清热利尿,健胃强身之效。

营养 含有丰富的蛋白质、维生素、矿物质,以及人体必需的营养成分。

原料

主料：春小米500克、大豆500克。

配料：菠菜100克、腌雪里蕻50克、卤水5克。

调料：食盐5克、辣椒酱15克、香油5克。

选料要求

主料、配料应新鲜，无异味。

制作方法

1. 将菠菜择洗干净，焯水切段；腌雪里蕻洗净切末备用。
2. 小米磨成浆过滤，熬至黏稠；大豆磨成浆，揭去豆腐皮，将豆腐皮切丝备用；豆浆加卤水点成豆腐脑，倒入小米粥内成脑饭。
3. 将切好段的菠菜和豆腐皮丝加香油炒熟，放在脑饭上，食用时加食盐、辣椒酱、腌雪里蕻拌匀即可。

特点 香鲜微辣、质地滑嫩、风味独特。

营养
含有丰富的蛋白质、维生素、纤维素等营养成分。

第五章 烟台名小吃

原料

主料：红薯淀粉1000克。

配料：芝麻酱50克、蒜泥20克。

调料：食盐8克、醋10克、虾油15克、花生油30克、凉开水适量。

制作方法

1. 将红薯淀粉加水泡开，加食盐和匀，放入锅中煮熟，凉透后成坯料，放冷水中浸泡，烹调前将坯料切成小方块。
2. 在平锅内加花生油烧热，放入切好的坯料，慢火煎至表面金黄色装盘。
3. 用芝麻酱、蒜泥、食盐、醋、虾油和适量的凉开水兑成味汁，食用时浇上味汁拌匀即成。

| 特点 | 口味咸鲜微辣,质地外焦香内软滑,芝麻酱、蒜泥、醋、虾油和煎好的焖子所形成的复合口味,诱人食欲,回味无穷。 |

营养
含有碳水化合物、脂肪、蛋白质和少量的维生素E和B族维生素及分解酶。

鱼锅片片

原料

主料：小杂鱼1000克、玉米面500克、豆面150克。

配料：五花肉100克、韭菜100克。

调料：面酱100克，葱、姜、八角、花椒、蒜片、干辣椒少许，味极鲜酱油、胡椒粉、蚝油、味精、白糖、料酒各适量，泡打粉5克，小苏打3克，温开水200克，冷水100克，花生油少许。

选料要求

主料、配料应新鲜，无异味。

制作方法

1. 将小杂鱼清洗干净，葱切段，姜切片，韭菜切段。
2. 将玉米面加豆面搅拌均匀，用温开水把面略烫，加入冷水、泡打粉、小苏打和成面团，醒发。
3. 起锅下入花生油烧热，将五花肉煸至金黄色，放入花椒、八角、葱、姜、蒜、干辣椒煸炒出香味，加入面酱炒香，再加入白糖、胡椒粉略炒，烹入料酒、味极鲜酱油，加水、蚝油、味精调味，把鱼放入锅中熬制。
4. 锅开后，把和好的面团用手逐个团成椭圆形，厚如手指，依次拍在热锅边上，盖上锅盖，焖熬约20分钟，所有食物熟制入味，撒上韭菜段，香味四溢的鱼锅片片就好了。

特点　鱼肉鲜嫩适口，复合味浓郁；片片暄香可口；鱼和片片合食堪称绝配。

营养　含有丰富的蛋白质、脂肪、矿物质、卵磷脂、维生素等营养成分。

咸鱼烀饼子

原料

主料：咸鱼干200克、玉米面500克、豆面150克。

配料：葱、姜、萝卜、干辣椒各适量。

调料：料酒、味极鲜酱油、熟猪油、花生油、泡打粉、小苏打、温开水、冷水各适量。

选料要求

宜选鲅鱼干、片口鱼干、鳗鱼干等质地优良的咸鱼干。

制作方法

1. 将咸鱼干切块洗净，萝卜切厚片，葱、姜、干辣椒分别切丝。
2. 将玉米面、豆面混合，用温开水把面烫后搅拌均匀，加入泡打粉、小苏打、花生油、冷水和成面团，醒发。
3. 锅中加水烧开，待锅边温度烫手，把面团用手逐个团成椭圆形，依次拍在热锅边上，盖上锅盖，中火加热20分钟，使其熟透后形成一面红亮香酥，一面金黄暄软的饼子时出锅。
4. 将切好的咸鱼块，加萝卜片、葱丝、姜丝、辣椒丝、料酒、味极鲜酱油、熟猪油，用大火蒸20分钟至熟出锅即可。

特点 鱼肉咸鲜干香、饼子暄香适口。咸鱼烀饼子是烟台地区饮食的一大特色。

营养 含有维生素、蛋白质、纤维素、矿物质等成分,适合中年人群体。

[1] 刘雪峰，李少杰. 鲁菜之都美食烟台[M]. 青岛：中国海洋大学出版社，2014.

[2] 李长茂. 中国北方菜[M]. 北京：中国商业出版社，2009.

[3] 刘雪峰. 中式烹调师（高级技师）培训教程[M]. 北京：中国轻工业出版社，2015.

[4] 刘雪峰，孙录国. 中西式面点实训教程[M]. 北京：中国轻工业出版社，2018.

[5] 施胜胜，林小岗. 中式面点技艺[M]. 3版. 北京：高等教育出版社，2021.